持続性の本質

物理学からみた地球の環境

広瀬 立成 著

培風館

本書の無断複写は，著作権法上での例外を除き，禁じられています。
本書を複写される場合は，その都度当社の許諾を得てください。

はじめに

　これまで，地球の持続性についていろいろな立場からの議論がなされ，多くの書物が出版されている。本書に目を向ける読者のなかには，ここに示されている「資源，エネルギー，廃棄物」についてのまったく新しい主張に驚かれる人がいるかもしれない。

　1905年アインシュタインは「特殊相対性理論」を発表し，ニュートン以来200年余にわたり広く信じられてきた時間と空間の概念を根底から変革した。本書で示す新しい視点は，この「特殊相対性理論（相対論）」の成果を利用している。それは，一口でいえば，「質量とエネルギーの等価性」である。

　「資源，エネルギー，廃棄物」は，どれも私たちの生活に直結しているが，このような日常生活の問題に，物理学の基礎理論の典型ともいうべき相対論などをもちこむことは，場違いではないかと思われる人もおられるだろう。

　持続性の意義は，「資源がいつまでも存在し，廃棄物質の環境への影響が許容範囲内」ということができる。資源や廃棄物質の量は「質量」によって測られるから，持続性の議論には，必然的に質量がかかわってくる。

　ところが，ここでやっかいな問題が発生する。現代の物質文明で必要とされているのは「質量」そのものではなく「エネルギー」

i

なのである。つまり，もし現代文明の持続可能性を厳密に議論しようとするならば，どうしても，質量とエネルギーの関係を知る必要性に迫られることになる。ここに，相対論の出番がある。相対論を用いることによって，はじめて，厳密な「資源，エネルギー，廃棄物」の関係が導かれるからである。

相対論に加えて，持続性を解明するために，もう一つ重要な物理学の視点がある。すべての自然現象を，「変化しないもの」と「変化するもの」に二分するのである。

卑近な例で考えてみよう。多くの小学生の中に"太郎"（A）がいたとする。数年後，太郎は中学生（B）になった。太郎は成長したが（変わったが），そのような変化を通じて，「変わらないもの」は，彼の名前"太郎"である。太郎は成長して"次郎"になったのではなく，「小学生・太郎」が「中学生・太郎」になったのである。成長を通じて，"太郎"は保存されている。「エネルギー保存の法則」や「質量保存の法則」等，保存則とよばれる物理法則は，変化を通じて変わらないもの，すなわち「エネルギー」や「質量」に着目している。

ところで，この現象には，保存則とはちがった重要な物理法則がひそんでいる。それは，「太郎・保存則」だけでは，「小学生・太郎」と「中学生・太郎」のどちらが先か，わからないということである。そこで，どうしても，現象の順序を示す法則，たとえば，年齢（時間）変化の向きを示すような法則が必要になる。年齢は，「若→老」という一方通行の現象であり，これは「エントロピー増大の法則」として，まとめられている。

現象の前後で変わらないもの"保存則"と，現象の"向きを示す

法則"とは，物理学の二大法則で，「熱力学の第一法則」と「熱力学の第二法則」としてまとめられている。2つの物理法則は，長年の自然観察から得られたものであり，そのことはまた，人間社会についても，信頼ある未来像を描くことに役に立つ。

　本書では，相対論と物理学の二大法則を駆使して燃焼のしくみを科学的に明らかにし，さらに，2014年に開催されたIPCCの結論をふまえ，石油の燃焼に焦点をあてながら温暖化について議論しつつ，「持続性のある社会」のあり方について考えたい。

　なお，本書では，データの基礎になっている物理法則に重点をおいたが，それは時間がたったからといってすぐに変わるものではない。一方，環境問題にかかわる数値は日々変化しており，本書で取り上げた各種のデータもあっという間に古くなってしまうであろう。読者自身で，現状を把握するために新しいデータを調べていただきたいと思う。

　2016年 早春

広 瀬 立 成

目　次

1. 持続性と物理法則 …………………………… *1*

1-1　質量（重さ）とエネルギー　1
1-2　一般エンジンで考える　6
1-3　きれいなものは汚れる：エントロピー増大の法則　9
1-4　物質はめぐる：植物，動物，菌類の協調　12
1-5　二酸化炭素による温暖化　14
1-6　持続ある未来のために　16

2. 特殊相対性理論で考える質量とエネルギー … *23*

2-1　永久機関の夢　23
2-2　古典力学のおさらい　26
2-3　産業革命のはじまり　28
2-4　アインシュタインの生い立ち：奇跡の年 1905 年迄　30
2-5　物質とはなにか？　34
2-6　質量からエネルギーが　40
2-7　位置のエネルギー　49
2-8　エネルギー保存の法則　53
2-9　出口が大切：あとしまつ科学のススメ　60

3. きれいなものは汚れる：エントロピー増大の法則 ……… *63*

3-1 「変わらないもの」と「変わるもの」　63
3-2 エントロピーの定式化　65
3-3 シュレディンガーの誤り　69
3-4 植物とエントロピー　74
3-5 生命体にとっての水の役割　77
3-6 エントロピーの視点からの生ゴミ処理　81

4. 生命の星・地球 ……… *83*

4-1 宇宙のなかの地球　83
4-2 地球のなりたち　86
4-3 6億年前までの地球　89
4-4 二酸化炭素は循環する　92
4-5 地球のしくみ（1）：水は循環する　95
4-6 地球のしくみ（2）：エントロピーを捨てる　98
4-7 地球のしくみ（3）：物質の循環　102

5. 化石エネルギーから自然エネルギーへ ……… *109*

5-1 人類のエネルギー消費　109
5-2 化石燃料から持続ある自然エネルギーへ　114
5-3 日本の自然エネルギー　119
5-4 欧米の自然エネルギー　124
5-5 自然エネルギーと一般エンジン　129

6. 持続性と温暖化 …………………………… *133*

6-1 持続性の本質：廃棄の意味　133
6-2 IPCC は警告する：気温変化の予測　135
6-3 クラウジウスの先見性　143
6-4 イースター島の教訓　146
6-5 水素エネルギーは持続的か　150
6-6 水素エネルギー社会へ　154
6-7 「無駄社会」から「もったいない社会」へ　158

おわりに ……………………………………… *165*

引用・参照文献 ……………………………… *168*

索　引 ………………………………………… *173*

持続性と物理法則

　人間の活動，とくに文明の利器を用いた活動が将来にわたって持続することができるか否かを表した概念が持続可能性 (sustainability)（以下「持続性」という）である。持続性の本質は，「資源がいつまで存続し，廃棄物の環境への影響がどこまで許容できるか」ということができる。

1-1　質量（重さ）とエネルギー

持続性とエネルギー　　世界の重要な資源である石油などの化石資源はいつかは枯渇するし，化石燃料の燃焼によって発生する廃棄物は，自然環境にさまざまな影響を与えている。

　ところで，資源や廃棄物（ゴミ）の量は「質量（重さ）」によって測られるから，持続性の議論には，必然的に質量がかかわってくる。ところが，ここでやっかいな問題が発生する。現代の物質文明で必要とするのは「質量」そのものではなく，物を動かす能力，すなわち「エネルギー」なのである。つまり，もし現代文明の持続性をきちんと議論しようとするならば，どうしても，質量とエ

図 1-1 ニュートン［文献 [45], p.81 より引用］／アインシュタイン［文献 [45], p.21 より引用］

ネルギーの関係を知る必要性に迫られるのである。しかし，1905年，特殊相対性理論が発表されるまでの物理学では，質量とエネルギーとは，別々の概念として扱われていた。それまでに確立していたニュートンの古典物理学では，質量とエネルギーは，ある反応（たとえば，燃焼反応）の前後で変わらない物理量とされており，その結果，「質量保存の法則」と「エネルギー保存の法則」は，別々の法則としてなりたっていたのである。

質量とエネルギーの関係　ところが，1905 年を境として事態は一変した。この年，26 歳のアインシュタイン（A. Einstein, 1879–1955）が発表した珠玉の論文 4 編は，そのどれもが，物理学の本質に迫るすばらしい内容をもっている。この驚異的な成果を記念して，1905 年は，アインシュタイン「奇跡の年」といわれている。

4 編の論文のうち，第 3，第 4 論文が「特殊相対性理論」（以下，「相対論」と略す）を世に問うた画期的な論文である。第 3 論

文は,「運動する物体の電気力学」と題し,理論の骨格を与える長大な論文,第4論文が本書で注目する「質量とエネルギーの関係」を論じたもので,その後の物理学の発展に大きく貢献した。

この第4論文によれば,質量 (m) とエネルギー (E) は,別々のものではなく,単純明快な方程式

$$E = mc^2$$

で関係していることが示された。ここに,c は光速(秒速30万キロメートル (km))で,俗に1秒間に地球を7回り半するという大きな値である。つまり,ごくわずかな質量でも,莫大なエネルギー (E) を内包しているのである。これは,世界でもっとも簡単で有用な方程式といわれる。

質量とエネルギーは,もはや別個の物理量ではなくて,一方から他方にうつり変わることができるのである。「質量保存の法則」と「エネルギー保存の法則」は,個別になりたつ2つの法則ではなく,「厳密なエネルギー保存の法則」に一本化されることになる。

この相対論から,つぎのような結論を引き出すことができる。

「エネルギー E を生産するためには,かならず,$m = E/c^2$ の質量が消費されなければならない」

と。このエネルギーと質量の関係式 $E = mc^2$ は,原子爆弾,原子力発電,火力発電(燃焼),水力発電など,およそエネルギーを発生するしくみすべてに対してなりたつ普遍的な法則である。素粒子を用いた実験的な検証も進み,アインシュタインの第4論文の評価は,時代とともに高まってきた。

出典：Wikimedia Commons, By Charles Levy from one of the B-29 Superfortresses used in the attack. [Public domain], https://commons.wikimedia.org/wiki/File%3ANagasakibomb.jpg

図 1-2　1945 年 8 月 9 日，長崎に投下された原子爆弾

　質量からエネルギーへの転化は，日本に大きな被害をもたらした。1945 年 8 月，広島，長崎へ投下された原子爆弾が，まさしくエネルギーと質量の関係 $E = mc^2$ を基礎にして作られ，それぞれウラン（広島），プルトニウム（長崎）の核分裂による質量の転化を利用して，莫大なエネルギーを発生させ，2 つの都市を死の海に変貌させたのである。

質量転化率　　さて，$E = mc^2$ は，持続性について驚くべき事実を明らかにする。話を具体的にするために，石油の燃焼をみてみよう。資源エネルギー庁によれば，今日人類は，全エネルギーの約 87 %（2011 年）を化石燃料の燃焼でまかなっている。ここで「化石燃料」とは，石油，石炭，天然ガスのように，主として太古の生物の遺骸が地中の高温高圧の状態のなかで 1 億年以上もかけて生成されたものである。

1-1 質量（重さ）とエネルギー

化石燃料の燃焼反応では，炭素（C）と酸素（O_2）が結合して，二酸化炭素（CO_2）が発生する。以下では，1 グラム（g）の炭素の燃焼によって，約 8 キロカロリー（kcal）の熱エネルギーが発生するとして議論をすすめる［文献 [6], p.205 参照］†。

$$C + O_2 \rightarrow CO_2 + 8 \text{ kcal}$$

8 kcal といえば，およそ砂糖 2 グラム（g），すなわち小さじ半分ほどに相当する熱エネルギーである。

そこで，$E = mc^2$ を用いて 8 kcal を質量に換算してみると，約「100 億分の 4 グラム」という超微少な値が得られる（詳しくは 2 章 p.48 参照）。もとの質量からエネルギーへ転化する質量の割合を以下では「質量転化率」とよび，ε（ギリシア文字で，イプシロンと読む）で表すことにする。このことは，

1 グラムの物質（炭素 C）

を燃やしても，エネルギーに転化するのは，

約 100 億分の 4 グラム $\left(\dfrac{4}{10{,}000{,}000{,}000}\right)$

にすぎないことを示している。つまり燃焼における炭素の「質量転化率（ε）」は，約 100 億分の 4 ということになる。

相対論の発見により，それまでの物理学では不可能とされていた，エネルギーと質量（資源）の直接の比較が可能になったのである。このことは，大量のエネルギーを消費する物質文明のあり方に，重要な知見をあたえることとなる。

---

† 炭素 1 mol（= 12 g）を燃焼すると 394 kJ の熱量が発生する。

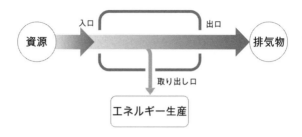

図 1-3 一般エンジン［文献 [53], p.8 の図を改変］

1-2 一般エンジンで考える

排気が重要　　ここまでの議論をわかりやすくみるために,「一般エンジン」というしくみを導入しよう（図 1-3 参照）。

一般エンジンには,資源を取り入れる「入口」と排気物を放出する「出口」,そして,エネルギーの「取り出し口」がある。入口から投入された「資源」は,「エネルギー」を生産しつつ,出口から「排気物」として放出される。すなわち,

資源　→　エネルギー ＋ 排気物

となる。

これは,火力発電はもとより,水力発電,原子力発電,生産活動などのエンジン,さらに生命活動などにも共通した,きわめて一般的なしくみである。このように,「資源,エネルギー,排気物」の定量的な比較ができるのは,相対論から導かれる「$E = mc^2$」によって,資源や排気物の質量 m と発生するエネルギー E の関係が確立されたからである。

1-2 一般エンジンで考える

ここで，一般エンジンの入口から，100 億単位の資源（質量）を投入してみよう。2 章で計算するように，燃焼では，

　　　約 100 億分の 4,

すなわち 4 単位のエネルギー（質量）が生産されるから，資源との差,

　　　約 99 億 9999 万 9996 単位

の質量は，出口から排気物（主として二酸化炭素，CO_2）として放出されることになる。この排気物こそが，いま世界的に問題になっている「温室効果ガス」である[†]。

このように，相対論を使うことによって，燃焼について，新しい重要な知見が得られる。以上の議論をまとめておこう。

(1) 燃焼の質量転化率（ε）は約 100 億分の 4 で，資源からエネルギーへの転化の割合は驚くほど小さい。
(2) 100 億単位の資源のほとんど（約 99 億 9999 万 9996 単位）は環境に放出され，温室効果ガスなどとして蓄積されている。

出口が重要　　これまで私たちは，とかく一般エンジンの入口に注目し，出口の役割りに注意してこなかった。入口は資源を取り込む役割をもち，その資源はエネルギーを生産し生活の利便性を向上させるという期待があるからだろうか。だが，出口は入口に

[†] ちなみに，原子力発電（核分裂）の質量転化率は約 1000 分の 1 で，燃焼に比べれば 250 万倍も大きいが，それでも 1000 単位の資源のうち，999 単位は環境に捨てられることになる。ただし，この廃棄物は，放射能を含み，多くの人々に多大な困難をおよぼす。このことは，2011 年 3 月 11 日におこった福島原発事故をみればよくわかる。なお，この質量転化率はウラン 235（U^{235}）の質量欠損から計算できるが割愛する。

劣らず重要な役割を担っている。たとえば，自動車のエンジンでもマフラーをふさいでしまったら，とたんにエンジンは停止する。むしろ，出口からいかにうまく排気するかが，エンジンの性能を左右するといっても過言ではない。人間でも，便秘は大変苦しいし，腎臓の機能が損なわれたりすると，命取りになりかねない。

ゴミに注目　　出口の役割の重要性は，日常生活の中にも潜んでいる。ゴミは，「だれもが，いつでも，どこでも」出すもの。それは，いわば資源のなれの果てで，捨てる以外に利用価値のない物質と考えられている。しかし，ゴミのない人間生活はありえないこと，したがって，ゴミ問題は，それを単にやっかい者として人間生活から遠ざけるという一時しのぎの問題では解決しえないことを示している。

今日，人間は化石燃料を燃やして微少なエネルギーを得ているが，資源（化石燃料）のほとんどは二酸化炭素として大気中に放出されて，地球温暖化という重大な困難をもたらしている。出口を軽視するという人間の行為に，アインシュタインは警鐘を鳴らしている。たしかに，質量転化率 約100億分の4はあまりにも微少で，日常感覚ではとらえにくいかもしれない。しかし，この点にこそ，今日のエネルギー資源を考えるうえで見過ごすことのできない重要な課題がひそんでいるのである。

エネルギー効率　　今日私たちは，もとの物質（資源としての化石燃料）まで立ち返らないで，約100億分の4のエネルギーがすでにここにあるとして，それをいかに効率よく使うかに躍起になっているが，発生した微少なエネルギーは，すべて利用されるわけで

はない。取り出されたエネルギーのうちで利用できる割合が「エネルギー効率」であり（2-9節 p.56 参照），持続性にかかわる「質量転化率」とはまったく意味が異なっている。全世界の70億人の生活が「質量転化率 約100億分の4」という細い糸にぶら下がってなりたっていることを忘れないでほしい。

化石燃料による温暖化や環境汚染が問題になってきている現在，「まずエネルギーありき」では，持続性の本質を見失ってしまう。これからの地球環境がいかにあるべきかを考えるうえでは，「一般エンジン」の全体に目を向け，入口から取り込む資源と出口から放出する排気物を，包括的に考慮しなければならない。この一般エンジンがいつまでも動き続けることが持続性の本質であるともいえよう。

1-3　きれいなものは汚れる：エントロピー増大の法則

一般エンジンを用いて，物質が燃焼によってエネルギーを作り出すしくみをみたが，一般エンジンの重要な点は，出口から大量の排気物が放出されていること，そして，「取り出し口」からは超微少なエネルギーが取り出されていることである。一般エンジンの入口から取り込んだ物質が出口から放出されるまでにエネルギーが生産されるが，そのしくみは，相対論による「質量とエネルギーの関係 $E = mc^2$」によって理解することができる。相対論が，それまでみえなかったしくみに光をあて，持続性の本質を明るみにだしたのである。

> もう一つの法則

以上述べてきたように，相対論によって導かれる「厳密なエネルギー保存の法則」を

　　「熱力学第一法則」

ともよぶ．さらに，自然の基本的なしくみを理解するためには，もう一つの法則「エントロピー増大の法則」がある．この法則は，

　　「熱力学第二法則」

ともよばれるように，「熱力学第一法則（エネルギー保存の法則）」とともに，自然界のしくみを解明するための二大法則である．

> 一方通行の現象

たとえば，1 グラム (g) のインキを 100 グラム (g) の水に落とすことを考える．エネルギーの発生がないとすると，初めの全質量は，インキの質量 (1 g) と水の質量 (100 g) をたし合わせたもので，

　　1 g + 100 g = 101 g

となる．他方，終わりの状態，すなわち，インキと水の混合状態の質量は 101 グラム (g) で，初めの状態（インキと水を混ぜ合わせる前の状態）の質量に等しい．この場合は，エネルギーの発生がないから，「質量保存の法則」が厳密になりたつ．

ところで，水に落としたインキはつねに拡散していて，拡がったインキが集まることはない．そこで，拡散の度合いを表す量「エントロピー」を導入する．自然現象は，エントロピーがつねに増大する方向に進む．この一方通行の現象が「エントロピー増大の法則（熱力学第二法則）」なのである．

一方通行の現象には，物質の拡散以外に，もう一つ，熱の移動がある．茶碗に熱いお茶を注ぐと，初めは熱かったお茶がいつのま

1-3 きれいなものは汚れる：エントロピー増大の法則　　11

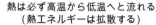

熱は必ず高温から低温へと流れる
（熱エネルギーは拡散する）

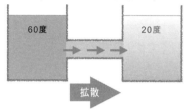

物質も拡散する

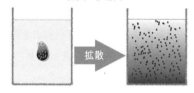

図 1-4　熱エネルギー・物質の拡散。拡散という現象は不可逆である。

にか冷えてしまう。つまり，熱が茶碗からまわりの空間に逃げてしまったのである。熱もまた，「高温→低温」というように一方向にしか流れない。これは熱の拡散とみることができる。

このように，物質・熱のエントロピー（拡散の度合い）は，時間がたつとかならず増大する。大ざっぱないい方をすれば，

　　「時間とともに，物質は汚れ，熱の温度は下がる」

ということになる。

1-4　物質はめぐる：植物，動物，菌類の協調

|生命の持続性|　　一般エンジンに投入された資源が，ほとんどそのまま排気物としてまわりの環境に捨てられるとしたら，地球は早晩，ゴミの山になってしまうだろう。生命体もまた，一般エンジンとしてのしくみをもっているのだから，出口からの排気物が蓄積し，いまの地球は，死骸で埋め尽くされているのではないか？それは生命が存続できない死の星ではないか？

しかし，生命は，およそ40億年という長大な時間を生きのびてきた。生物の死骸は，化石としてまれに目につくくらいだ。地球が生命を宿す星であり続けたのには，それなりの理由がある。つまり，地球に備わった生命が存続するしくみにこそ，持続性の本質が潜んでいる，ということができる。

|デトライタス|　　植物は，空気中から二酸化炭素を，地中から水を吸収し，デンプンを作りながら成長する。植物はまた，牛や馬など草食動物の餌になるとともに動物に酸素を提供する。このような植物と動物の関係から，植物を「生産者」，動物を「消費者」とよぶ。

動物はいつか死に植物も枯れる。このままでは，地表には動物の死骸や枯れた植物が蓄積することになり，物質循環が損なわれ地球はゴミの山になる。しかし自然は，この困難を乗り越える巧妙なしくみを土中に備えている。その主人公は，土中の小生物と菌類である。ミミズ，ダニ，トビムシ，線虫などは，落葉や死骸を食べながら，それらを細かく砕きつつエネルギーを獲得し，地下

1-4 物質はめぐる：植物，動物，菌類の協調　　　　　　　　　　　　13

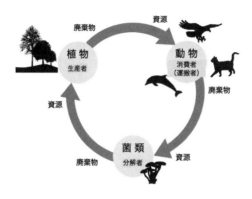

図 1-5　植物，動物，菌類の協調 [文献 [53], p.17 より引用]

の土を地表に運んで通気性のよいフカフカの土にしてくれる。こうして発生した有機物を「デトライタス」（detritus）とよぶ。究極のゴミともいうべきデトライタスの量は，人間が出すゴミの量をはるかに上まわる。陸上ばかりでなく水中でも，海藻や魚類の死骸などが分解されてデトライタスを発生させる。浜辺には，デトライタスを摂取して生存している魚が多くいる。

分解者　持続性を保証するための決定的に重要なしくみは，大量のデトライタス（有機物）を無機物に分解しながら，生きるためのエネルギーを作りだす生物，「菌類」によって担われている。菌類には，キノコ，カビ，酵母といった，私たち日本人にもなじみの深いものが多い。菌類によって生産された無機物（チッソ N，リン P，カリ K など）は，樹木の根から吸い上げられ植物を成長させる。こうして菌類は「分解者」とよばれ，「生産者」（植物），「消費者」（動物）とともに，物質循環に不可欠な一員を構成して

いる。

 とかく私たちは,動物や植物など目に見える生物を重視しがちであるが,土の中にこそ,持続的な物質循環を進めるための重要な担い手がいることを忘れてはならない。

 図1-5に示すように,植物,動物,菌類の緊密な協調によって,物質は過不足なく,しかも永続的に循環するが,これこそが持続性の核心である。

1-5 二酸化炭素による温暖化

温室効果 　太陽光線は地表を暖める。暖かくなった地表は,熱をまわりの空間に放射する。熱を運ぶ光線を「赤外線」とよぶ。赤外線が広大な宇宙空間に拡散すれば地球大気が暖かくなることはなく,温暖化は問題にならない。しかし,赤外線の拡散をくい止めている物質,「温室効果ガス」があり,その結果,大気や海水が暖められる。それは,ビニールハウスが,赤外線の発散をくい止めて,内部を暖かく保持していることに例えられる。図1-6は19世紀からの気温の観測結果であり,100年間で0.74℃の上昇がみられる。

 温室効果ガスのうち,人為的なものとして二酸化炭素（CO_2）の影響が大きい。二酸化炭素は,有機物の燃焼によってかならず発生する。19世紀から急速に発達してきた産業革命において,初めは蒸気機関によって石炭を消費していたが,ガソリンエンジンやディーゼルエンジンが実用化されると,石油や重油が使われるようになった。石炭やガソリンは,主として,炭素と水素からなり,

1-5 二酸化炭素による温暖化

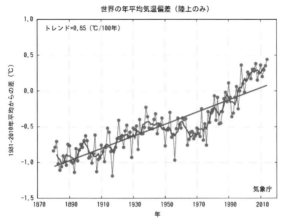

細線：各年の平均気温の基準値からの偏差、太線：偏差の5年移動平均、直線：長期的な変化傾向。
基準値は1981~2010年の30年平均値。

出典：国土交通省 気象庁ホームページ http://www.data.jma.go.jp/cpdinfo/temp/an_wld.html より

図1-6　世界の年平均気温偏差

それを燃焼することにより，熱エネルギーを発生し，ピストンを動かす。筆者の子どものころは，蒸気機関車が黒煙を上げ，50台ほどの貨車を引っ張っていく勇壮な光景が見られた。自動車時代の今日では，黒煙こそ見られないが，二酸化炭素の排出量は増大している。

温室効果の原因には，ここで述べた燃焼ばかりでなく，太陽光の変化，水蒸気の影響なども考えられる。「気候変動に関する政府間パネル，IPCC」はこのような影響も考慮して，化石燃料の使用量の大幅な削減を求めている（詳しくは6章を参照）。

1-6 持続ある未来のために

[出口の軽視]　物理学は，自然の基本的なしくみについて，「エネルギー保存の法則」と「エントロピー増大の法則」を提示している。2つの基本法則は，人間社会のあり方，とくに持続性の課題に多くの重要な示唆を与える。

出口を軽視する現代文明の欠陥は，ゴミ問題をはじめ，社会生活のあらゆる場面で課題をなげかけている。最近では，原発，トンネル，交通機関などの事故や豪雨による自然災害が相次ぎ，道路，橋，公団住宅，高速道路などの公共施設の大幅な修理が必要となってきて，これまでの開発一本やりの都市計画に，大きな変更を迫っている。2014年，2015年の夏には集中豪雨が発生し各地に大きな被害をもたらしたが，これは，温暖化が原因となって発生する豪雨である「温暖化豪雨」ともいわれている。

[循環社会]　ここで，物質や熱の真の循環をめざす持続社会と，物質や熱が蓄積する社会のあり方を，簡単なモデルで比較してみよう。図1-7は，孤立した非循環型の社会を表す。資源からエネルギーを得る作業は歯車を回すことで表現されている。このシステムでは，資源は廃棄物・廃熱になって蓄積する。このような，廃棄物の捨て場のない社会，すなわち一般エンジンの出口に目を向けない社会は，いつかかならずエントロピー最大の状態を迎える。これは，物質・熱が拡散しきって，もはや利用価値のない状態であり「熱死」とよばれる。これに対して，図1-8は，物質循環する社会である。それは，排気物と廃熱を溜め込まない（蓄積しな

1-6 持続ある未来のために

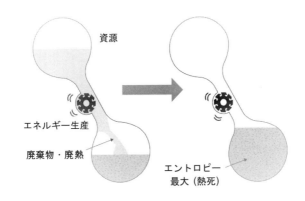

図 1-7 非循環型社会のモデル［文献 [51], p.196 より引用］

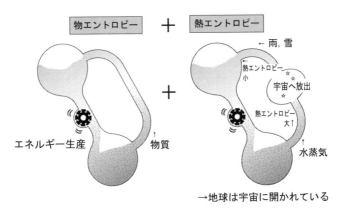

図 1-8 循環型社会のモデル［文献 [51], p.196 の図を改変］

い）循環社会である。私たちがめざす社会は，このような社会である。なお，熱の循環についての詳細は第3章の「水の大循環」でふれる。

|自然エネルギー|　ここまでは，人工的なエネルギー生産のしくみをみてきたが，もう一つ忘れてはならないエネルギー源として「自然エネルギー」がある。このエネルギーは，太陽，地球，生物などによってたえず補給されることから，日本では「再生可能エネルギー」とよばれている。

自然エネルギーには，太陽光・熱，風力，波力・潮力，地熱，水力，バイオマス†などがあり，化石燃料や原子力発電に用いられるウランのように枯渇することなく，私たちが利用する以上の早さで再生する。太陽はあと50億年は輝き続けるし，地球内部から高熱が発せられる期間は数十億年あると見積もられている。また，潮汐力は，地球の自転速度と月の公転速度が関係しており，その差は数10億年以上にわたり，消えることはない。この「持続的，クリーン，燃費ゼロ」という三拍子そろったエネルギー源は，石油文明にとって代わりうるものである。

現代の主要な電力は，火力発電や原子力発電のように一定の場所で集中的に生産されているが，それに比べると，自然エネルギーの生産場所は地域に分散している。しかし，これは短所というよりむしろ長所になりうる。それは，地域に根ざしたエネルギーであり，地域発展の原動力になる。また，太陽光発電などは天候に依

---

† バイオマスとは，枯渇しない生物体起源の資源である。これは燃焼により二酸化炭素（CO_2）を発生するが，それは植物が光合成によって空気中から吸収した量に等しい。これを「カーボンニュートラル」という。

存するので不安定という指摘もあるが，ドイツにみるように，電力の自由化が進み発電地域が分散すれば解決できる可能性が高い。これは，独占企業であった電気事業において規制を緩和し，発電を分散化し，小売を自由化するものである。

持続性の視点にたって，これからの持続ある文明を展望するとき，自然エネルギーの導入は重要な課題である。ドイツ，スペイン，デンマーク，イタリアなどの欧州諸国やアメリカなどは，その取り組みを強化している。

|持続性と文明|　ところで，持続社会のあり方を議論するとき，つぎのような意見がだされることがよくある。「今日の豊かな社会は，化石燃料の燃焼によるエネルギー生産によってつくられてきた。石油・石炭などの化石燃料の燃焼を受け入れないことは，電気や自動車などの文明の利器を否定することであり，原始時代に逆戻りすることになる。そんな社会はごめんだ」と。

この意見に対する筆者の考えはこれから順次述べていくが，要点を3つにまとめておこう。

(1) 持続性についての科学的知見を重視する。

産業革命以来，人類は，化石燃料の燃焼によって，飛躍的にエネルギー生産を向上させてきた。しかし，微少な「質量転化率 ε」に依存する化石資源は，枯渇性で環境負荷の大きなエネルギー源である。この欠点がいま，「温暖化による異常気象の発生」として，人類に襲いかかろうとしている。

2014年11月2日，IPCC（気候変動に関する政府間パネル）は第5次統合報告書を公表し，温暖化の主な原因が人間の活動によ

る可能性がきわめて高いと断定している。気温の上昇について，4つのシナリオが想定されているが，非常に高い温室効果ガス排出の場合，有効な対策をとらなければ，今世紀末には，平均気温は 2.6～4.8℃ 高くなり，海面は最大 0.45～0.82 m 上昇すると推定される。2℃ 以上の温度上昇で穀物生産に悪影響が現れ，4℃ 以上で食料安全保障に大きなリスクが予想される，という［文献 [14] 参照］。

このままでは，私たち世代の贅沢が，将来世代に，非常に大きな困難を背負わせることになる。このような現役世代の身勝手な行為は許されない。

(2) 人間は自然の友達であり，支配者ではない。

生命体は，30 億年以上の歳月をかけて，持続的な物質循環の道筋をつくり上げてきた。そこでは，植物，動物，菌類のみごとな協調体制ができあがっている。人間は食料など，多くを自然に依存しているが，その自然は気が遠くなるような歳月をかけてつくり上げられた。しかし人間はいま，自らが，生命の頂点に立っているかのように，勝手気ままにふるまっている。1700 年頃からはじまった機械文明は，石炭と石油の燃焼から得られるエネルギーを用いて，自然に手を加えてきた。今日それは，自然がもつ持続性のしくみを根底から破壊することが明らかになりつつある。だが人間は，この事実を忘れ自らに特権的な価値を与えている。自然破壊のうえになりたつ経済発展は，いつか挫折する。

(3) 持続性の実現に向けて，まず長期的な目標をたてる。

人間は，産業革命以後，200 年以上にわたり自然を破壊しつつ，利便性高め，物質的な豊かさを高めてきた。現在でも，新幹線があ

りながら甚大な自然破壊をともなうリニア新幹線を作ろうとすることや超高層ビルの建設などはその典型である。現役世代は，利便性を享受するかもしれないが，将来世代は，環境破壊による苦しみに喘ぐことになるだろう。

　「地球規模で考え，足下から行動する」というように，持続社会をつくるための長期的な目標をたて，いましなければならないことを考える。その際，環境負荷の大きい化石燃料から，自然エネルギーへの移行が決定的に重要になる。自然エネルギーには多くの長所があるが，それは第5章で詳しく述べることにして，ここではその持続性を強調しておきたい。

特殊相対性理論で考える質量とエネルギー

2-1 永久機関の夢

エネルギーの発生　第1章の一般エンジンで概観した「エネルギーと質量の基本的性質」をふまえながら，燃焼などのエネルギー発生のしくみについて考えよう。まず，人類がエネルギー生産にかけた努力の跡を振り返ってみることにする。

　燃料を使わないで，永久に動き続ける動力機関があったら，どんなにすばらしいことか！　この「永久機関」とよぶ装置を使って，粉ひき，木材・石切り，冶金，造船などが，人力や牛馬の力を借りずにできる。それ利用して商売をすれば，大金持ちになることはまちがいない。なにしろ，燃料費がただなのだから。中世ヨーロッパには，このような夢にとりつかれ，永久機関の実現に全力を傾注する"永久機関おたく"ともいうべき人々がいた。

　永久機関には，簡単なものから，かなり複雑なものまである。図2-1はその一例で，「オヌクールのかなづち車」というものである。つりあった位置から少し動かすと，頂上にあるおもりのついた棒（かなづち）が，ガクンと右回りに倒れる。すると，その勢いで円

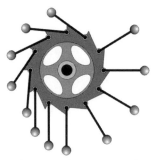

出典：Wikimedia Commons, [Public domain], http://commons.wikimedia.org/wiki/File:Perpetuum1.png

図 2-1　オヌクールのかなづち車

盤が回転し，つぎのかなづちが倒れる。こうして，つぎつぎにかなづちが倒れ，かなづち車はいつまでも回り続ける，というもくろみだ。

　工夫をこらし，これこそはという設計図はいくつも書かれたが，実際に動いたものは一つもなかった。「設計図はまちがっていないが，そのとおりにうまく作れないのは，自分の努力が足りないからだ」と，"永久機関おたく"は，自虐的な気持ちにかられながらも改良を重ねたという。

　仕事は一定　　一方，イタリア・ルネサンスの巨匠，レオナルド・ダ・ビンチ（Leonardo da Vinci, 1442–1519）は，永久機関が不可能であることを証明するための図を描いている。また，ガリレオ・ガリレイ（G. Galilei, 1564–1642）は，当時よく聞かれた「機械は仕事（力）を節約している」という考えを批判し，仕事（力）は節約されないことを示した。

出典：(左) Wikimedia Commons, Leonardo da Vinci [Public domain], https://commons.wikimedia.org/wiki/File%3ALeonardo_da_Vinci_-_presumed_self-portrait_-_WGA12798.jpg; (右) Wikimedia Commons, Justus Sustermans [Public domain],https://commons.wikimedia.org/wiki/File%3AGalileo-sustermans2.jpg

図 2-2　レオナルド・ダ・ビンチ／ガリレオ・ガリレイ

　テコを考えてみよう。図 2-3 に示すように，支点から長いほう（右端）を押し下げれば，左端の重い物体を持ち上げることができる。たとえば，支点から右と左の棒の長さが 10 対 1 であれば，10 分の 1 の力で重い物体を動かすことができる。古代ギリシアのアルキメデス（Archimedes, B.C.287–B.C.212）は

　　「私に支点を与えよ。されば地球を動かしてみせよう」

と言ったそうだ。

　この場合，右端が動いた距離は，左端の 10 倍ある。重さ（質量）と動いた距離の積（これを「仕事」という。p.27 参照）をつくってみると，結局，テコのどちら側でも同じになることがわかる。

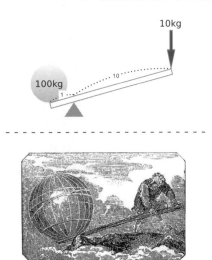

出典:(下) Wikimedia Commons, By Mechanics Magazine [Public domain], https://commons.wikimedia.org/wiki/File%3AArchimedes_lever_(Small).jpg

図 2-3　テコの原理(上図)／アルキメデスのテコ(下図)

2-2　古典力学のおさらい

まずはじめに，古典力学において，質量，力，エネルギーなどの基本量がどのように扱われているかをみておこう。

|等速運動|　物体の実質的な量が「質量」で，「重さ」とみなしてかまわない。すべての物体には大きさがあるが，質量の中心(重心)に全質量が集まっていると考え，物体の位置・運動を記述することができるとき，この点を「質点」とよぶ。大きさのある

物体を質点と考えることによって、複雑な物体の運動を物理法則として、明解に記述することができるようになった。

「速さ」は単位時間に進む距離である。すなわち、

$$速さ = 距離 \div 時間$$

がなりたつ。たとえば、一定速度で、20キロメートル (km) の距離を10分間で進む自動車があったとすると、この自動車の速さは、分速2キロメートル (km) となる。このように、速さが一定の運動を「等速運動」とよぶ。

エネルギーとは　　他方、アクセルを踏むと自動車は速くなるが、これは「加速度」が発生したことを示す。自動車が加速すると、身体がシートに押し付けられるが、これは後ろ向きの力がはたらいたからである。物体を動かした力は、加速度と自動車の質量の積

$$力 = 質量 \times 加速度$$

で与えられる。

そして、物体（自動車）に力がはたらき、その物体がある距離動いたとき、力と距離の積を（力が物体になした）「仕事」とよぶ。すなわち

$$仕事 = 力 \times 距離$$

である。

この現象を物体（自動車）の側からみると、物体は力によって仕事をされ（動かされ）、その結果、仕事と等しい量のエネルギー

を得る，ということになる。エネルギーにはいろいろな種類のものがあるが，このように自動車が得たエネルギーは

　　　「運動エネルギー」

とよばれる。すなわち，エネルギーとは，仕事をする能力であるといえる。

2-3　産業革命のはじまり

[蒸気機関]　　18世紀終わりからイギリスではじまった産業革命では蒸気機関が大活躍した。スコットランドの技術者，ワット（J. Watt, 1736–1819）は，1769年に新方式の蒸気機関を開発した。図 2-5 に初期の蒸気機関の原理を示す。ピストンの上下運動を，クランクによって回転運動に変えるしくみが発見され応用が広がった。

　さて，蒸気機関を動かすためには，水を気化させて水蒸気をつくる必要があり，そのために燃料を必要とした。蒸気機関は，永久機関ではないのだ。

[石炭の利用]　　イギリスでは，初め薪や木炭を燃やしていたが，森林破壊が深刻になって，石炭を使うようになった。石炭は，比較的浅い場所に豊富に埋蔵されており，かつ特定の地層に高濃度で存在していて，それを利用した蒸気機関は，それまでの動力源，牛馬，人力，水車・風車と比較して，手間をかけずに高い能力をひきだすことができることから，急速に世界に広まった。日本でも，明治維新以降，蒸気機関車や製鉄産業の興隆とともに石炭産業が

2-3 産業革命のはじまり

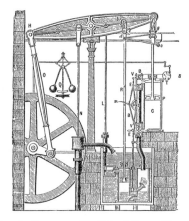

出典：Wikimedia Commons, By Robert Henry Thurston (1839-1903) [Public domain], http://commons.wikimedia.org/wiki/File%3ASteamEngine_Boulton%26Watt_1784.png

図 2-4　1784 年にボールトン（Boulton）とワットが設計した蒸気機関の図面

盛んになった[†]。第二次世界大戦中には年間産出量は 6000 万トンに達したが，その後，安価な輸入品や石油輸入によるエネルギー革命などによって，1961 年をピークに徐々に衰退した。2002 年以降，国内で操業している坑内掘り炭坑は，北海道の釧路炭坑の 1 箇所のみである。

　産業革命は，このように化石燃料を使用した工業化の発展を基礎としているが，それはいまも続いている。しかも，規模はより大きくなり，また進歩はより速くなった。それは「グローバリゼー

[†] 北海道・福島県・山口県・福岡県・佐賀県・長崎県が主産地で，石狩炭田，釧路炭田，常磐炭田，三池炭田，筑豊炭田などの大規模な炭田を中心に，最盛期には全国に 800 以上の炭鉱が開かれた。

出典：Wikimedia Commons, By Candidus (Own work) [Public domain], https://commons.wikimedia.org/wiki/File%3AUlm_Donauschwabenufer1.jpg

図 2-5 ドナウ川南堤から見たウルム

ション（地球規模）」という表現で，端的に表されている。

2-4 アインシュタインの生い立ち：奇跡の年1905年迄

ウルム　アインシュタインは，1879年3月14日，南ドイツのドナウ川沿いにある小都市ウルムに暮らすユダヤの中流家庭に長男として生まれた。この町には「ウルム人は数学者である」という諺があった。ウルムはまた，アインシュタインより300年前，大天文学者ケプラー（J. Kepler, 1571–1630）を生んだ町でもある。彼は，惑星の運動が楕円軌道であることを発見し，コペルニクスとならんで，天動説を覆すことに貢献した。アインシュタインは，ケプラーの真理探究に対する不屈の精神にひかれていた。

2-4 アインシュタインの生い立ち：奇跡の年 1905 年迄

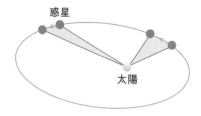

図 2-6　ケプラーと楕円軌道の図［文献 [45], p.79 より引用］

ギムナジウム　　ドイツには，大学に入って学術的な勉強をするために，ギムナジウムという教育制度がある．年齢でいうと，日本の小学校 5 年生から中学校・高等学校にあたり，大学に進学するためにはギムナジウムの卒業証書が必要不可欠であった．アインシュタインも 1888 年にミュンヘンのギムナジウムに入学したのだが，6 年後，彼の運命を変える事件がおこった．父親の事業が不振におちいり，一家はイタリアのミラノに転居してしまったのである．一人ミュンヘンに残されたアインシュタインも，厳格でおしつけがましい教育にすっかりいやけがさし，半年後には退学して，家族のいるイタリアへ移ってしまった．

入試に失敗　　1895 年，16 歳のアインシュタインは，スイス連邦工科大学チューリッヒ校（ETH）の入学試験に挑戦する．スイスのドイツ語圏内にあるこの大学なら，ドイツの大学の入学資格をもっていない彼にも受験ができたのだが，みごとに失敗した．幸い大学の学長がアインシュタインの数学の才能に目をとめ，大学入試の資格を取るために，スイス・アーラウの州立学校で 1 年

間勉強してくるよう勧めてくれた。ドイツのギムナジウムに失望していたアインシュタインではあったが,大学入試のためにわがままは言っておられない。彼は,州立学校で1年を過ごすことにした。

アーラウでアインシュタインを待っていたのは,ミュンヘンのギムナジウムとはまるでちがった自由でのびのびとした空気だった。授業は生徒たちの自主的な探究心を重んじるという方針で進められ,教師たちはいつでも議論の相手をつとめてくれた。アインシュタインは,カントやスピノザの哲学書を夢中で読み思索にふけった。「光の波を光の速度で追いかけたら,波はどのように見えるのか」という疑問にとりつかれたのも,このころである。アーラウの雰囲気がよほど肌になじんだのか,最晩年にいたるまで賛辞を送っている。

⎯⎯⎯⎯⎯⎯⎯⎯
| スイス連邦工科大学入学 |　　アーラウでの楽しい1年間が終わり,1896年秋,アインシュタインは晴れてチューリッヒのスイス連邦工科大学に入学した。専攻が数学と物理学であったところをみると,どうやら彼は,数学か物理学の教師の職を得て,慎ましいながらも,好きな研究をやることが自分にとって最適の道である,と考えていたらしい。とはいえ大学でのアインシュタインは,けっして模範的な学生ではなかった。講義にはあまり出席せず,ヘルムホルツ,キルヒホッフ,マクスウエル,ヘルツら,物理学の大家の書物を読みふけった。

世紀の変わり目を間近にひかえた1900年7月,アインシュタインは21歳で大学を卒業した。理論物理学の研究を志す青年に

とってもっとも望ましいのは，経験を積んだ教授の助手になり，その研究方法を学んでいくことであった。しかし，彼を採用しようとする教授はいなかった。しかたなくアインシュタインは，親友から紹介されたスイス連邦特許局の職員に就いた。1903年1月6日，同じ大学の4歳年上の女性ミレバ・マリッチと結婚した。夜赤ん坊が寝入ってから二人は，灯油ランプのもとで研究にいそしんだ。

奇跡の年　　1905年，奇跡の年がやってきた。26歳のアインシュタインが，物理学の本質に迫る4編の論文を発表したのだ。

第1は光の粒子性を論じた「光電効果」に関する論文で，1921年のノーベル賞を受賞することになる研究である。第2の「ブラウン運動の研究」は，分子の質量を直接量ることを可能にした。そして，第3・第4論文が，特殊相対性理論を世に問うた画期的な論文だった。前者は，特殊相対性理論の骨格を与える長大な論文，後者は，エネルギーと質量の関係を短く論じたものである。この10年後，1915〜1916年に一般相対性理論が発表された。

ここでまず，相対性理論の頭についている「特殊」と「一般」のちがいを説明しておこう。2つの相対性理論は，時間と空間についての理論であるが，特殊相対性理論が重力がはたらかない状態，一般相対性理論は重力がはたらく状態の理論である。宇宙には星があり，たがいに重力を及ぼしているが，アインシュタインはまず，力のはたらかない状態で，時間と空間の性質を明らかにしようとして，特殊相対性理論を構築した。なお，持続性の議論で利用するのは，この理論である。

第3論文「運動する物体の電気力学」は相対論の骨格をなすもので,「光速度不変の原理」を出発点にしている。それは,「光源が静止している場合,あるいは運動している場合,いずれも,光は常に一定の速さ,秒速 30 万キロメートルで伝わる」というものである。アインシュタイン以前に信じられていたニュートンの古典力学は,時間と空間の尺度が一定不変であること,すなわち,いつ,どこで,だれが測っても変わることのない時間と空間の存在が基礎になっている。それらを「絶対時間」「絶対空間」とよぶ。ところが,光速度不変の原理は,光速の不変性を優先させ,その結果,時間や空間の尺度が観測者の立場によって変わりうることを示唆している。

こうしてできあがった第3論文の後,第4論文が発表され,質量 (m) とエネルギー (E) の関係「$E = mc^2$」が示されたのである。

2-5 物質とはなにか?

生命体を含め,身のまわりのさまざまな物は「物質」からなりたっている。そこで当然ながら,先人達は,まず物質とはなにかに目を向けた。そこでまず,物質に関する研究の歴史を足早に振り返ってみることにしよう。

アリストテレスの4元素説　B.C.300 年頃のギリシア時代。万学の祖といわれるアリストテレスは,すべての物質は「土・水・空気・火」という4種の単純な物質からなると考えた(「4元素説」という)。これらの単純な物質は,その元になる「第一物質」が「冷・

2-5 物質とはなにか？

出典：（左）http://www.phil-fak.uni-duesseldorf.de/philo/galerie/antike/thales.html より引用。（右）Wikimedia Commons, Johannes Moreelse (after 1602-1634) [Public domain], http://commons.wikimedia.org/wiki/File%3AHeraclitus%2C_Johannes_Moreelse.jpg

図 2-7　タレス／ヘラクレイトス

出典：(左) Wikimedia Commons, By Copy of Lysippus (Jastrow (2006)), [Public domain], http://commons.wikimedia.org/wiki/File%3AAristotle_Altemps_Inv8575.jpg；
(右) http://www.phil-fak.uni-duesseldorf.de/philo/galerie/antike/demokrit.html より引用。

図 2-8　アリストテレス／デモクリトス

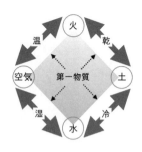

図 2-9 アリストテレスの 4 元素説

乾・湿・温」を得ることによって生成するという。たとえば，第一物質に「冷」と「湿」が与えられると水が生成する。また，「冷」と「乾」が与えられると，土となって現れる。同様に，「湿」と「温」から空気が，「温」と「乾」から火が生じる。

ここで，「冷・乾・湿・温」を取り換えると，元素が変わる。たとえば，「冷・乾」からなる土は，「乾」を「湿」に取り替えると「冷・湿」の水になる。こうして，4 元素は私たちの世界を隙間なくみたしつつ，物質の転換を可能にするというのである。

デモクリトスの原子論　　ギリシア時代には，物質のなりたちについて，もう一つの考え方があった。紀元前 4 世紀頃，デモクリトス（Democritus, B.C.460 頃–B.C.370 頃）は「原子論」を唱えた。それによると，世界は，分割できない原子と，原子が運動する場としての無限に広がる空虚な場からなるという。

アリストテレスは，原子論に対して次のように反論した。

1) 原子はいくら小さくても大きさをもつのだから，それより小さな粒に分けられるはずだ。

2-5 物質とはなにか？

出典：Wikimedia Commons, John Jabez Edwin Mayall (1813–1901), [Public domain], https://commons.wikimedia.org/wiki/File%3AKarl_Marx.jpg

図 2-10　カール・マルクス（1875）

――＜コラム：マルクス＞――

ちなみに，若き日のマルクス（K. Marx, 1818–1883）は，デモクリトスの大胆な原子論にほれこんだという。マルクスは，資本主義の打倒をめざす新しい社会体制の必要性を唱えて，当時の権力者に恐れられた。彼は，自分がおかれた状況を，ギリシア時代の主流派に対抗するデモクリトスに投影したのだろうか。

2) 真空とは無である。真空の存在は「無が有る」ということになって，明らかに論理的に矛盾している。

空想の産物ともいうべき原子論に比べ，アリストテレスの4元素説は，身のまわりにある物質を利用しつつ人々を納得させるだけの説得力をもっていて，2000年以上にわたりヨーロッパの社会に君臨した。安っぽい金属を，金などの貴金属に変えるという中世に流行した錬金術は，アリストテレス流の物質転換の発想が基礎にあった。

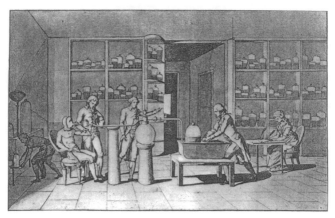

出典:Wikimedia Commons, http://commons.wikimedia.org/wiki/File:Lavoisier_humanexp.jpg

図 2-11 ラボアジエの実験室

出典:Wikimedia Commons, [Public domain], http://commons.wikimedia.org/wiki/File%3AAntoine_lavoisier.jpg

図 2-12 ラボアジエ

2-5 物質とはなにか?

> **＜コラム：ラボアジエの執念＞**
>
> ラボアジエは，アリストテレスの4元素説を疑った。そして，水と火が空気と土に変わることが誤りであることを実験的に証明し，4元素説を追放しようとした。
>
> 水といっても，ふつうの水には，多くの不純物がふくまれている。彼はまず，8回蒸留して純粋の水を作った。それを蒸留器に入れて，蒸気を逃がさないようにして101日間沸騰し続けたというから，その執念たるや並ではない。もちろん，実験の前には，容器や水の重さが正確に測定してある。実験後には，水の重さは変化していないが，容器がわずかだけ軽くなっていた。その代わり，容器の底には少量の固体が残ったが，それは容器の減量分に等しかった。つまり，容器のガラスの成分が溶けだして，土のような固体になって沈殿していたのだ。水が土に変わったのではなかった。
>
> 3ヶ月あまりただの水を沸騰し続けて重さを測るという，おそろしく退屈な実験ではあるが，これは，2000年以上君臨し続けてきたアリストテレスの権威を打ち倒すうえで，劇的な成果をもたらした。

この4元素説の過ちを実証するためには，18世紀，フランスの化学者 ラボアジエ（A.-L. Lavoisier, 1743–1794）による，精密実験を待たなければならなかった。ラボアジエの画期的な試みは，物質の変化を「重さ（質量）」の測定によって追跡するという点であった。彼は，当時問題になっていた「燃焼のしくみ」を，物質が酸素分子（O_2）と結合して重くなると考えた。化学変化のしくみが，重さの測定によって理解できることを明らかにしたラボアジエの功績はすばらしい。

2-6 質量からエネルギーが

「質量保存の法則」はつねになりたつか？　　相対論が発表されるまで、人々はどのような物質にも重さがあり、質量とは、物質が存在する証であると考えてきた。そして、その質量は、化学反応のような変化を経ても、絶対に不変であると信じられてきた。10グラム (g) の物質を5グラム (g) の物質と反応させた場合、反応後の生成物をすべて集めて計測すれば、総重量は当然15グラム (g) になるということを疑うことはなかった†。そして、18世紀中頃、ラボアジエは、高い精度で反応の前後の質量を測定し「質量保存の法則」を導いた。

ところが、アインシュタインは、この「質量保存の法則」に異議を唱えた。彼は、第4論文で、それまで確固不変であるはずと考えられてきた質量が、エネルギーという動的で形のないものと等価であることを明らかにしたのである。これにより、ある現象で熱などのエネルギー (E) が発生する場合には、微少ではあるが質量 (m) は保存されないことになる。

エネルギー E と質量 m との関係は

$$E = mc^2$$

で与えられる。光速は $c = 3 \times 10^8$ (メートル/秒) で、1秒間に地球を7回り半し、この世の中の最高速度とされている。$E = mc^2$ では、c^2 がかかっている結果、わずかの質量でも、エネルギー E は莫大なものになる。計算の詳細は省くが、たとえば、1グラム

---

† いまでは、「質量保存の法則」は微少な誤差を含み、厳密ではないことがわかっている。

2-6 質量からエネルギーが

(g) の質量をすべてエネルギーに転化したとすると，90兆ジュール（J）になる。このエネルギーは，平均家庭約8万3000世帯分の1ヶ月の電力をまかなえることを意味する（1ヶ月の平均電気使用量を 300 kW・時 と想定した）†。水1グラム（g）は，1立方センチメートル（cm^3）である。このサイコロほどの水の質量が，約8万3000世帯，およそ東京都の立川市全体††の電力を供給できると聞いても，にわかには信じられないかもしれない。

このようなわずかな質量に莫大なエネルギーが含まれているとしたら，科学者は，なぜ長い間，気づかなかったのだろうか？　このことについて，アインシュタインは，1946年4月号の Science Illustrated 誌で「答えは簡単です」と前置きして，その理由をつぎのように述べている［文献 [3], p.127 より引用］。

> 「エネルギーが少しも外部に放出されなければ，それは観測されません。それはあたかも物凄く金持ちの人が，一銭も使ったり人にくれてやったりしないようなものです。だれもその人が金持ちかわからないでしょう。」

では以下で，通常の「質量保存の法則」が（厳密には）なりたっていないことの理由をみていくことにする。

---

† 電気事業連合会ホームページ「一世帯あたりの電力消費量の推移」http://www.fepc.or.jp/enterprise/jigyou/japan/sw_index_04/ 参照。

†† 「住民基本台帳による東京都の世帯と人口 統計データ 平成27年度 第1表 区市町村，世帯数，男女別人口及び人口密度（平成27, 26年）」http://www.toukei.metro.tokyo.jp/juukiy/jy-index.htm 参照。

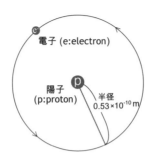

図 2-13 水素原子のしくみ

物質のなりたち——原子の構造　アリストテレスの時代から下り，現代では，いまや物質の基本的な構造が明らかにされている。物質は原子でなりたっており，その原子は中性子と陽子，そして電子により構成されていることがわかっている。

ここで，$E = mc^2$ をより深く理解するために，物質の微視的な（ミクロの）構造をみておこう。

まず，原子として，一番簡単な構造をもつ水素原子（H）をみてみよう。原子は，中心に原子核があり，そのまわりを電子が回っている，という一般的な構造をもつ。水素原子では，原子核は陽子1個で，そのまわりを1個の電子が回っている。陽子と電子は，正と負の同じ大きさの電荷をもち，一定の電気的な力（クーロン力）で引きあっていて，電子は，つねに一定の軌道半径上を回っている（図2-13参照）。水素原子の大きさとは，電子軌道の広がりをさす。その半径は「ボーア半径」とよばれ，約1000億分の5メートル (m)，陽子の大きさは，電子半径の約5万分の1である。原子は隙間だらけである。

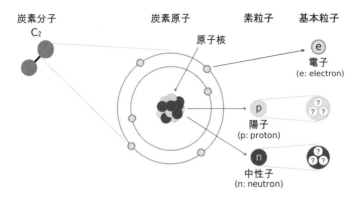

図 2-14　炭素原子の構造

　原子の構造がわかった。ここで，燃焼にかかわる"原子"に話を進めよう。

　燃焼で主役を演じる炭素原子（C）は，陽子6個とともに，電気的に中性でほとんど陽子と同じ重さをもつ6個の中性子が加わる。陽子と中性子は固く結合していて，炭素原子核をつくっている。電子は，陽子の数と同じ6個で，この場合も炭素原子は，電気的に中性（ゼロ）である。

　このように，原子核では，陽子と中性子は固く結合している。この結合させるための力を「結合エネルギー」という。実は，原子核で陽子と中性子が固く結合しているときの質量は，それを構成する陽子と中性子がバラバラに存在するときの質量の総和より小さくなる。それを「質量欠損」とよぶ。この質量の欠損分は，陽子と中性子が結びついたときの「結合エネルギー」の放出による質量の減少によることがわかっている。

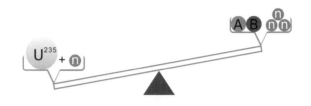

図 2-15 原子核（U^{235}）とバラバラの核子とを天秤にかける

さらに，質量欠損は，原子核ばかりではなく，燃焼などの化学反応でも起こっていることがわかっている。また，結合エネルギーではなく，単にエネルギーの出入りがある場合，たとえば水力発電などでも質量の変化がある。

では以下で，いろいろな反応における質量欠損のしくみを詳しくみてみよう。

核分裂反応による質量欠損　　まず，核分裂反応においては，エネルギーから質量への転化の規模が大きいので，質量欠損の概念が広く使われている。

原爆に使われているウラン 235（U^{235}）の質量欠損を調べよう。235 という数字は，ウラン原子核を構成する陽子（p）92 個に中性子（n）143 個を加えたもの。そこで，U^{235} にエネルギーの小さい中性子をぶつけると，U^{235} がパカッと割れて，2 つの原子核 A，B とともに，数個の中性子（ここでは 3 個とする）が発生する。関係する粒子を示すと次のようになる。

$$U^{235} + n \rightarrow A + B + 3n$$

ウラン原子核が割れて 2 つの原子核 A，B が発生したので，こ

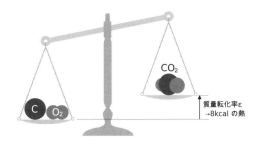

図 2-16 燃焼反応における質量転化率

れを「核分裂反応」という。

ここで、初めの状態（$U^{235} + n$）の全質量と終わりの状態（A + B + 3n）の全質量を比べると、終状態の質量は、始状態より小さくなることが実験で確かめられているが、これが「質量欠損」である。この消えた質量 m は、$E = mc^2$ にしたがって、原爆にみるように、莫大な量のエネルギー E を発生させる。

|燃焼反応における質量欠損|　化石燃料の燃焼反応では、炭素（C）と酸素（O_2）が結合して、二酸化炭素（CO_2）が発生する。このとき、1グラム（g）の炭素の燃焼によって、約8キロカロリー（kcal）の熱エネルギーが発生することがわかっている。

$$C \quad + \quad O_2 \quad \rightarrow \quad CO_2 + 8\ \text{kcal}$$
（原子）　　（分子）　→　（分子）

上式を見てわかるように、燃焼反応では、反応の前と後で、原子（CとO）は、増減していない。核分裂反応とは異なり、燃焼

反応の主役は，原子核ではなく，原子そのものである。

　重要なことは，熱エネルギー 8 キロカロリー（kcal）が発生していることである。エネルギーと質量の等価性からわかるように，この熱エネルギーが微少な質量を持ち出している。つまり，初めの状態（C と O_2）の質量に比べ，終わりの状態（CO_2）の質量がわずかに小さく，原子核が関与しない燃焼反応でも質量欠損が起こっているのである。

＊　＊　＊　＊　＊

　ところで，「1 グラムの炭素を燃やすと，8 キロカロリーの熱エネルギーが発生する」といわれても，この燃焼過程の効率が高いのか低いのかよくわからない。化石燃料を効率よく使うことは，これからの人類に与えられた重要課題であるが，それを直接判定することができない。それは，炭素の量が"質量（重さ）"で，エネルギーが"カロリー"という別の単位で測られているからである。

　ここで，威力を発揮するのが $E = mc^2$ なのである。この法則を使えば，エネルギー（E）と質量（m）は，一方から他方に変換できる[†]。

炭素の燃焼によるエネルギーの生成　　具体的に質量とエネルギーの関係（質量転化率の算出）についてみてみよう。

　まず，エネルギーの単位には，「ジュール（J）」が用いられるが，

[†] 第 1 章では上に示したような「燃焼の質量欠損」を「核分裂反応による質量欠損」と区別するために，"質量転化率"という表現を導入した。石油の燃焼を核分裂と区別し，かつ初めに投入した資源からエネルギー生産に寄与する質量をはっきりさせることができる。

1 カロリー (cal) は 4.2 ジュール (J) である：

$$1 \text{ カロリー} = 4.2 \text{ ジュール}$$

化石燃料の燃焼反応では，炭素 (C) 1 グラム (g) の燃焼によって，約 8 キロカロリー (kcal) の熱エネルギーが発生することがわかっている。そこで，炭素 1 グラム (g) の発熱量をジュール (J) で表すと，8 キロカロリー (kcal) は 8,000 カロリー (cal) であるから，そのエネルギー (E) は

$$E = 8000 \times 4.2 = 33600 \, \text{J} = 33.6 \, \text{kJ}$$

となる。

エネルギーの単位ジュールの目安としては，次のような作業を想像してみればよい。100 グラム (g) の物体（リンゴくらい）を，重力に逆らって，1 メートル (m) 持ち上げるときのエネルギーが約 1 ジュール (J) である。ということは，炭素 1 グラム (g) の燃焼によって放出されるエネルギーは

$$8 \text{ kcal} = 33600 \, \text{J}$$

であるから，33.6×10^3 キログラム (kg) の物体を 1 メートル (m) 持ち上げるときに必要とするエネルギーに相当することになる。

ここで，$E = mc^2$ を用いて，炭素 1 g の燃焼で発生するエネルギー (8 kcal) から，炭素の質量 1 g に対するエネルギーへの転化の大きさ，すなわち，「質量転化率 ε」を計算してみよう。光速 c は秒速 30 万 km，すなわち，

$$300{,}000{,}000 \, (\text{m/s}) = 3 \times 10^8 \, (\text{m/s})$$

であるから，エネルギー (8 kcal) を発生するために，炭素 (C) 1 g の質量は Δm（「デルタ エム」と読む）だけ消費される。し

たがって，Δm は

$$\Delta m = \frac{E}{c^2} = \frac{33600}{(3 \times 10^8)^2}$$

$$= 約 4 \times 10^{-13} \,[\mathrm{kg}] = 4 \times 10^{-10} \,[\mathrm{g}]$$

以上の計算値を用いて，質量転化率 ε は

$$\varepsilon = \frac{\Delta m \,[\mathrm{g}]}{1 \,[\mathrm{g}]} = \frac{4 \times 10^{-10} \,[\mathrm{g}]}{1 \,[\mathrm{g}]}$$

$$= 4 \times 10^{-10}$$

となる。

これが，炭素 1 g を燃焼したときに発生する熱エネルギー（8 kcal）を質量に換算したもの，すなわち炭素の燃焼の「質量転化率」である。この計算から，投入した炭素の質量の約「100 億分の 4 単位」が，エネルギーに転化したことがわかる。

このように，アインシュタインの特殊相対性理論から導かれる「エネルギーと質量の等価性 $E = mc^2$」を用いて，資源からのエネルギー生産のしくみを，質量だけを用いて記述することができる。燃焼で発生する熱エネルギーと資源（質量）との定量的な比較は，「相対論」以前の古典力学では不可能であった。なぜなら，質量とエネルギーの相互転換は，$E = mc^2$ の発見によって，初めて可能になったからである。この関係式は，質量 (m) が「一定不変」ではなく，適切な処理（この場合は燃焼）を施せば，決まった割合だけエネルギーに転化することを示している。

燃焼の質量転化率はきわめて小さく，その結果，投入した資源の質量の大部分は，エネルギーに転化することはない。言葉を換

えれば，投入した資源のほとんどの質量は，まわりの環境に放出されるのである。しかし，質量転化率（約100億分の4）は，超微少な量であるからといって無視することはできない。なぜなら，私たちは，この超微少量のエネルギーにすがって，物質文明をなりたたせているからである。そして，その結果として，化石燃料のほとんどを温室効果ガス（CO_2）として大気中に放出する。また，石油に含まれる微量な窒素（N）や硫黄（S）の酸化物のように，健康被害などをひきおこしていることを忘れてはならない。

燃焼のしくみを明らかにすることは，現代文明のあり方を考え，持続性への道を探るための第一歩となる。

2-7 位置のエネルギー

では今度は，物質の燃焼によるエネルギーの生成ではなく，位置の変化によるエネルギーの生成についてみていこう。

ダム　エネルギーとは仕事（作業）をする能力であることがわかった（p.28参照）。動く自動車は，運動という仕事をするのであるから「運動エネルギー」をもっているということができる。

それでは，もう一つ身近な例として，ダムをみてみよう。高い位置にあるダムに蓄えられた水は，落下することによって水車を回し電力を生産する。つまり，ダムの水は，落下して仕事するのであるから，エネルギーをもっているということになる。これは

　　　「位置のエネルギー」

とよばれる。水ばかりでなく，高さ h (m) にある質量 m (kg) の

出典：Wikimedia Commons, By photo: Qurren (talk), with IXY 10S compact digital camera. (Own work) [CC BY-SA 3.0 (http://creativecommons.org/licenses/by-sa/3.0)], http://commons.wikimedia.org/wiki/File%3AKurobe_Dam_survey_2.jpg

図 2-17　黒部ダム

物質は，位置のエネルギー

$$mgh \ (\mathrm{J})$$

をもつ。ここで g は「重力加速度」とよばれる量で，$g = 9.8$（メートル/(秒)$^2 = \mathrm{m/s^2}$）で与えられる。

　水力発電では，水が落下することによって，初めにもっていた位置のエネルギーが運動エネルギーに変わったのである。このとき，運動エネルギーと位置のエネルギーの和，すなわち全エネルギーは，常に一定に保たれる。これを

　　「力学的エネルギー保存の法則」

とよぶ。すなわち，

全エネルギー ＝ 運動エネルギー ＋ 位置エネルギー

がなりたっている。

　力学的エネルギー以外にも，熱エネルギー，電気エネルギー，核エネルギーなど，多くの種類があり，それらはたがいにうつり変わることができる。この場合，初めにもっていたエネルギーは，けっして増加・減少することはない。ある現象の前後ですべてのエネルギーを足し合わせれば，エネルギーの総量は変わらない。これを

　　　　「エネルギー保存の法則」

とよぶ。この法則がある限り，あらためて，エネルギーを生産し続けるという「永久機関」のもくろみはなりたちえない，ということになる。

水の位置のエネルギー　　世界のエネルギーは，8割以上が，化石燃料の燃焼による「火力発電」でまかなわれている。このことを考慮して，これまで燃焼の質量転化率を考えてきたが，燃焼とはちがって「水力発電」では，高所にある水がもつ「位置のエネルギー」を電気エネルギーに変換している。ちなみに，日本には，約2700箇所のダムがある[†]。

　ここでは，水がもつ位置のエネルギーに注目しつつ，その質量転化率を求めてみよう。

　水力発電では，高所にあるダム (A) に水を貯蔵し，それを落下させる (E〜F) ことによって，下流に設置されている発電機のタービン（水車 (C)）を回し電力を発生 (D) する。このときも，

[†] 日本ダム協会ホームページ　ダム便覧 http://damnet.or.jp/cgi-bin/binranA/Syuukei.cgi?sy=sou 参照。

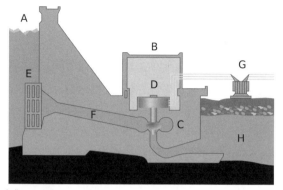

出典:Wikimedia Commons, By Nordelch [Public domain], https://commons.wikimedia.org/wiki/File%3AHydroelectric_dam_without_text.jpg

図 2-18　水力発電のしくみ (A: ダム湖, B: 発電所, C: 水車, D: 発電機, E: 取水口, F: 水圧管路, G: 変圧器, H: 河川)

タービンが運動エネルギーを発生するために，初めにあった水の質量は（微量ではあるが）減少しているはずである。

落下によって得られる位置のエネルギーは mgh であるから，このエネルギーを生み出すために減少する質量を Δm とすると，次の関係式がなりたつ。

$$\Delta m \cdot c^2 = mgh$$

すなわち，

$$\Delta m = \frac{mgh}{c^2}$$

となる。この場合，質量 m，ダムの高さ h は，水力発電所の設置条件によって変わってくるので，Δm は炭素の燃焼の場合のように一定不変ではない。しかし，m, h がどのような値をとるにせ

よ，上式の分母には光速の2乗，$c^2 = 9 \times 10^{16}$ (m/s)^2 という莫大な数があるので，Δm が非常に小さな値になることは容易に想像できる（典型的には，数億分の1）。

水力発電の質量転化率が微少なことを知って「やっぱりこれも，化石燃料と同じか・・・」といって嘆くのは早合点である。水力発電は，枯渇性の化石燃料とはちがって，持続的な自然エネルギーだからである。

発電所から放出された水は，川を下って海に注ぎ，蒸発して雲になる。そして，最終的には，雨や雪になって地球にもどってくる（4-6節参照）。水は使ってもなくならない。水力発電では，火力発電のように熱エネルギーを使わないので，エネルギー効率（p.56参照）は80％台になる。また，化石燃料を燃やす火力発電とは異なり，発電により環境に負荷を与えることもない。

2-8 エネルギー保存の法則

質量とエネルギーの等価性　　すでに述べたように，ニュートン力学では，質量とエネルギーは別物と考えられてきた。したがって，「質量保存の法則」と「エネルギー保存の法則」は，それぞれが別の物理法則としてなりたっていた。

しかし，アインシュタインの特殊相対性理論によれば，質量（m）とエネルギー（E）は別物ではなく，$E = mc^2$ によって関係している。この関係式によれば，質量とエネルギーは等価であり，両者はたがいに一方から他方に転化しうる。つまり，古典物理学の「質

量保存の法則」と「エネルギー保存の法則」は,$E=mc^2$ によって,「(厳密な) エネルギー保存の法則」に統合されるのである。

エネルギーを生成するためには,「燃焼 (化学反応)」「核分裂 (原子核反応)」「位置のエネルギーの解放」などの基本的なしくみを用いて,投入した資源の質量をエネルギーに転化させなければならない。現在,上記の基本過程は,「火力発電」「原子力発電」「水力発電」に利用されている。いずれの場合も,質量からエネルギーへの転化の割合は,質量転化率 ε で表される。

物質の燃焼では,熱エネルギーの発生に費やした質量の減少,約「100 億分の 4」は,どんなに精密な秤 (はかり) を使っても観測することはできないほど小さい。つまり,化学などの実験では,燃焼の質量転化率 ε は,0 として問題はない。その意味で,ラボアジエが導いた「質量保存の法則」は,高い精度でなりたっていた。

しかし,今日の人間社会は,この微少な質量転化率に依存しエネルギーを発生させ,それを実生活や産業に利用している。そして,その質量転化率の算出には,かならず相対論による厳密な「エネルギー保存の法則」を用いなければならないのである。

2つの一般エンジン　　ここで,議論をもう一歩進めて,1-2 節で述べた一般エンジンが,どのように人間社会にかかわっているかをみてみよう。なお,以下では,放出する物質が捨てられることに注目して「排気」物を「廃棄」物とおきかえることにする。

火力発電所では,石油の燃焼によって生産した熱エネルギーは,そのまま遠く離れた地域まで輸送できないので,いったん電気エネルギーに変えられ,電線を通して利用者のもとに運ばれる。こ

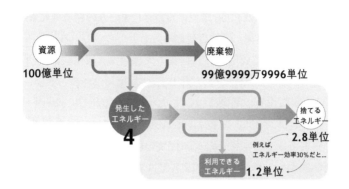

図 2-19 2 段目の一般エンジン［文献 [53], p.10 の図を改変］

のことをはっきりさせるために，エネルギー変換を表す一般エンジンを，もう一段加えることにしよう．

図 2-19 は，こうして構築された 2 段のシステムを示す．2 つの一般エンジンの役割は，つぎのようになる．

1 段目　資源からエネルギーを"生産"する．質量転化率が重要．
2 段目　生産したエネルギーを"利用"しやすいエネルギーに変換する．エネルギー効率が重要．

以下では，これらを，一般エンジン 1，一般エンジン 2 と記す．

一般エンジン 1 の特徴は，度々ふれているように，質量転化率が微少なことである．そして，そのことの裏返しとして，出口から大量の質量の廃棄物が放出されていることに注目しよう．つまり，化石燃料の燃焼では，化石資源の質量が 100 億単位あったと

して，99億9999万9996単位の質量は，まわりの環境（大気）に廃棄され，その結果，環境負荷の増大をもたらしているのである。化石燃料の燃焼で放出される物質の大部分は二酸化炭素（CO_2）であるが，これは気候変動の原因物質「温室効果ガス」でもある。（CO_2 と温暖化との関係については，第6章で詳しく説明する。）

一般エンジン2は，一般エンジン1がきわめて小さな質量転化率で発生する「熱エネルギー」（燃焼の場合）を取り込んで，利用可能なエネルギー（たとえば，電気エネルギー）に変換する。そのはたらきは，通常

　　　「エネルギー効率」

によって評価される。

エネルギー効率が30％のときには，一般エンジン2は，一般エンジン1が生産した熱エネルギーを，エネルギー変換効率30％で，利用可能なエネルギーに変える。ここでも，残りの70％のエネルギーは環境に捨てられている。この場合，捨てられるのは「熱エネルギー」で，その量によっては，環境破壊につながる。たとえば発電量の大きな原発では，大量の熱エネルギーが海に捨てられ，魚の生息条件を悪化させているという（コラム参照）。

一般エンジン1とそれにつながる一般エンジン2によって，エネルギーの発生とその利用の道筋をたどることができた。一般エンジン1，2の特徴は上で述べたとおりであるが，両者に共通した特徴として，多大な質量とエネルギーが出口から放出されていることを指摘しておきたい。一般エンジン2のエネルギー効率を30％とすると，100億単位の質量を投入したとき，最終的に有効

2-8 エネルギー保存の法則

> ＜コラム：原発の熱効率＞
>
> 『原発・そこが知りたい』[文献 [4]] によると，原発の熱効率（＝使われる熱量/入ってくる熱量）は約 32 ％ である。タービンを回したあとの水蒸気は海水で冷やされるが，温まった海水は温排水として海に捨てられる。電気出力 100 万キロワット（kW）の原発は毎秒約 60 トン（t）の海水を使う。温排水は海水より 7〜9 ℃ と高く，霧の発生や沿岸漁業に長期の影響を与える。

利用される質量は，わずかに 1.2 単位にすぎないことになる（2 段目の一般エンジン参照）。いい換えれば，一般エンジン 1，2 の出口から捨てられるエネルギーは，99 億 9999 万 9998.8 単位にもなる。この莫大な量の廃棄物・廃棄エネルギーは，一般エンジン 1 の質量転化率がきわめて小さいことが主要な原因である。しかし，人類はそのことに目を向けないまま，エネルギーの生産量を増加させようと，エネルギー効率の向上に躍起になっている。

石油を東京ドームにつめこむ　では，石油の燃焼の規模を，具体的に調べてみよう。

石油とは，炭化水素（CH），窒素（N），酸素（O），硫黄（S）で構成されている油のこと。石油を燃やすというのは，これらの物質が酸素と結合することで，「酸化」とよぶ。石油に含まれる元素の割合は，炭素 8，水素 1，酸素 0.4，窒素 0.1，硫黄 0.5 となる。さらに，炭素の原子量（12）が水素の 12 倍となることを考慮して，以下の計算では，石油をすべて炭素からなると考えて進めることにする。

さて，この石油を東京ドームにつめこんでみよう。55,000 人が収容できる巨大なドームの容積は，124 万立方メートル（m^3）である。2005 年度の日本の石油消費量は 2 億 8000 万立方メートルになる†。これを東京ドームにつめこむと，

$$2 \text{ 億 } 8000 \text{ 万} \div 124 \text{ 万} \fallingdotseq 226$$

となる。つまり日本人は，1 年間に東京ドーム約 226 個分の石油を燃やしているのである。

このとき，エネルギーに転化した石油資源の質量の割合を推定してみよう††。石油の比重を 0.9 とすると，東京ドーム 1 つにつめこむことができる石油の重量は，

$$124 \text{ 万トン} \times 0.9 = 112 \text{ 万トン（t）}$$

日本では年間，

$$112 \text{ 万トン} \times 226 \text{ 個} = 25{,}312 \text{ 万 t}$$
$$= \text{約 } 2 \text{ 億 } 5 \text{ 千万 t}$$
$$= 250{,}000{,}000 \times 1{,}000 \text{ kg}$$
$$= 2.5 \times 10^{11} \text{ kg}$$

を燃やしているので，質量転化率 $\varepsilon = \dfrac{4}{100 \text{ 億}} = 4 \times 10^{-10}$ をかけて，

$$2.5 \times 10^{11} \text{ kg} \times 4 \times 10^{-10} = 10^2 \text{ kg} = 100 \text{ kg}$$

---

† 石油情報センターホームページ「石油の使用量」https://oil-info.ieej.or.jp/whats_sekiyu/2-3.html 参照。

†† 石油は，先にも述べたように，主として炭素（C）と水素（H）の化合物である。これまで炭素のみに注目して計算を進めてきたが，水素を加えて計算すると，発熱量は 12 ％増となる。すなわち，質量転化率は約 $\frac{4}{10{,}000{,}000{,}000}$ から約 $\frac{5}{10{,}000{,}000{,}000}$ に増加するが，その変化は非常にわずかである。以降本書では，炭素のみに注目して議論を進めていく。

が得られる。

　1年間に，あの巨大な東京ドーム約226個分の石油を燃やしているが，熱エネルギーに転化する石油の質量はわずかに100キログラム（kg）相当分，すなわちドラム缶でいえば約半分程度にすぎない。東京ドーム約226個分の質量のほとんどは，温室効果ガスなどとして，大気中に放出されているのである。

　世界の石油消費量は日本の約10倍なので，年間にドーム226 × 10 = 2,260個分，一日当たりドーム約6個分を越す石油が燃やされていることになる。このような莫大な量の石油が，利用価値のない，温室効果ガスとしてたえず大気中に蓄積されているのでは，いくら地球が広いとはいえ温暖化や大気汚染が問題になるのはあたりまえである。

　石油に含まれる炭素以外の化合物，すなわち窒素原子（N）や硫黄原子（S）の酸化物は，生物にとって有害である。いまではかなり改善されたが，光化学スモッグは，排気ガスに含まれる窒素酸化物が日光に含まれる紫外線の影響で光化学反応をおこして発生したものである。日本の発生件数は1970年代をピークに減少傾向にあるが，目がチカチカしたり，喉の痛み，咳などを発症する。火力発電では，石油の大量消費による資源の枯渇を心配する以前に，石油の燃焼で発生する廃棄ガスがひきおこす大気汚染が問題になるだろう。

2-9 出口が大切：あとしまつ科学のススメ

|一般エンジンと人間社会|　「持続性」とは，一般エンジンが，いつまでも動き続けることを意味する。そのためには，エネルギーだけを単独で議論するのではなく，入口で取り込む資源の質量，さらに，出口から放出する廃棄物の質量をもれなく考慮することが必要不可欠である。なぜなら，一般エンジンは，入口から取り込む資源と出口から放出する廃棄物をとおして，人間社会とかかわりをもつからである。

こう考えると，エネルギーを増産し，生活の利便性を向上することだけに目を向けるような今日のやり方は，近い将来，破綻することが予想される。なぜなら，入口から取り込む化石資源は有限であり，また，出口から放出する廃棄物は，その量が増えるにつれ，環境破壊を大きくするからである。[†]

|新しい知見|　アインシュタインの特殊相対性理論は，ニュートンの古典物理学を超えた新しい知見を明らかにした。そのひとつが，質量 (m) とエネルギー (E) の関係，$E = mc^2$ であった。一見単純にみえるこの関係式は，単に新しい学術的な意義を提示するばかりではなく，今日の化石文明に対しても重要な知見を提供した。

いままでみてきたように，相対論を注意深く検討することによって，「資源，エネルギー，廃棄物」の関係を，定量的に導くことができた。こうして，「微少なエネルギー生産と大量の物質廃棄」と

---

† 最近，ロンドン大学の研究者が，温暖化防止のために，埋蔵されている化石資源をすべて使うことに警告を発している。詳しくは 6-3 節参照。

いう,持続性に大きく反する現代文明の実態が明らかになったのである。人類は,古くから,もっぱらエネルギーをいかにして発生させるかに特別の関心を示してきた。産業革命以後,私たちは,わき目もふらずに,一般エンジンの「入口」からつめこむ資源の量を増やすべく活動してきた。たしかにそれは,エネルギーの生産量を増大し,その結果,物質的には豊かな社会を拡大することになった。

出口が大切　　一般エンジンに出口がある以上,廃棄（ゴミ）のない活動はありえない。しかし,人類はこれまで,廃棄物に目を向けることを怠ってきたし,石油文明の土台としての「燃焼」のしくみを,正しく把握することができなかった。

しかし,いま私たちは,産業革命以来250年余にわたり蓄積してきた大量の廃棄物が,人類のゆく手に重大な困難をもたらすことに気づきはじめている。化石燃料の燃焼で発生する温室効果ガスの増加は,異常気象,生物多様性の危機などをひきおこしている。これらはすべて,すぐに対策をとらなければ,手遅れになるものばかりである。

2014年11月2日,気候変動に関する政府間パネル（IPCC）は,温暖化についての最近の研究成果をまとめ「第5次統合報告書」を発表した。報告書は,いまのままのペースが続けば,今世紀終わりには,人々の健康や生態系に,

> 「深刻で広範囲にわたる不可逆的な影響を生じる可能性が高まる。」

と警告を発している［文献 [14] 参照］。温暖化の要因は,私たち

の生活の基盤を支えているエネルギーの大部分が化石燃料の燃焼に依存していることにある。この現代文明の基本的なしくみを直視し,持続的なエネルギーシステムを真剣に考えるときがきたようである。

エネルギー問題ばかりではない。これまで物質的な豊かさを求めて次々に構築してきた,道路,橋,トンネル,鉄道,大型ビルなどの公共施設にも修復の時期がおとずれ,そのために,莫大な資金が必要になることがはっきりしてきた。

ここで指摘した石油エネルギーの生産や大型施設の修復には,すべて一般エンジンの出口が関係している。そして,その出口は環境に直結しており,出口から放出される莫大な量の廃棄物の処理は,人類の行方を左右するといっても過言ではない。

3 きれいなものは汚れる：エントロピー増大の法則

3-1 「変わらないもの」と「変わるもの」

変化しないもの　　自然がもつ特徴のひとつは，「変化」である。西欧の科学者たちも，この特徴に注目した。物理学でも，「変わらないもの」と「変わるもの」に焦点をあてて，自然の基本的な性質を明らかにしようとしてきた。

変化の前に状態 A があったとして，それが，変化して状態 B になったとしよう。「B は A が変化したもの，すなわち，変化の前には B は A であり，A 以外ではない」といえるためには，変化を通じて A と B に，共通した変わらないものがなければならない。「エネルギー保存の法則」や「質量保存の法則」等，保存の法則とよばれる物理法則は，変化を通じて変わらないもの，すなわち「エネルギー」や「質量」に着目している。

エントロピー　　1-3 節の「きれいな物は汚れる：エントロピー増大の法則」にも示したように，物質も熱もそのままにしておくと（外から手を加えなければ）拡散するが，その逆，すなわち縮小するこ

とはありえない。この拡散の度合いは「エントロピー (entropy)」によって示される。エントロピーという表現は、ドイツの物理学者 クラウジウス (R.J. Emmanuel Clausius, 1822–1888) によって，1865年の論文で示された (6-4節も参照)。彼は，物質と熱の拡散の現象を

「エントロピー増大の法則」

としてまとめあげた。これはまた，「熱力学第二法則」ともよばれている。

「エネルギー保存の法則」と「エントロピー増大の法則」は，マクロ（巨視）の世界の基本的なしくみを記述する「二大法則」なのである：

熱力学第一法則（変わらないものに着目）：
「エネルギー保存の法則」
熱力学第二法則（変わるものに着目）：
「エントロピー増大の法則」

ただし，注意してほしいのは，ある現象のエントロピーを見積もるときには，「物質」と「熱」の両方を考慮することが必要，ということである。エントロピーは，物質または熱の拡散の度合いを表すことから，これを「物エントロピー」あるいは「熱エントロピー」として区別することがある。

さらに，変化する現象に対して，初めの状態と終わりの状態を見比べてみよう。「エネルギー保存の法則」は，初めにあったエネルギー（質量）と変化後のエネルギー（質量）が等しいこと（等価），すなわち「静的な関係」を表している。他方，「エントロピー

増大の法則」は，拡散の度合という「動的な関係」を示す法則で，時間とともに変動している自然現象に着目している。

3-2 エントロピーの定式化

つぎに，エントロピーを単に概念的に説明するだけではなく，定量的に記述してみよう。

|熱エントロピー|　　はじめに熱エントロピーを考える。

まず，エントロピーの議論では，絶対温度 ケルビン（K）を用いる。日常生活で使う温度，セ氏（℃）に 273 を加えると絶対温度（K）が求められる。すなわち，

$$絶対温度（K）= セ氏（℃）+ 273$$

である。たとえば，あなたの体温が 37℃ とすると，それは絶対温度で，310 K ということになる。0 K は，分子の運動が止まってしまうことを意味し，したがって，0 K 以下の温度は存在しない。

エントロピーの大きさは，単位温度に対する熱量の移動量，すなわち，熱量 Q（cal）を温度 T（K）で割った値 Q/T で表し，その単位は，カロリー/ケルビン $=$ cal/K となる。かりに，体温 37℃（310 K）のあなたが汗をかいて，1000 カロリー（cal）の熱を大気中に発散したとすると，

$$\frac{1000}{310} = 3.2 \, (\text{cal/K})$$

のエントロピーが，あなたから逃げ出したことになる。

|熱 の 移 動|　　「エントロピー増大の法則」を具体的に確認する

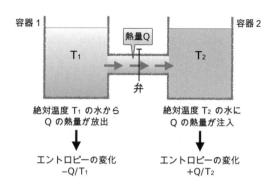

図 3-1 2つの容器の実験装置 [文献 [46], p.119 より引用]

ために,図 3-1 に示すような装置を考えよう。熱の逃げない 2 つの容器 1,2 があって,それが弁の付いた細いパイプでつながれている。高温容器 1 には絶対温度 T_1 の水が,低温容器 2 には絶対温度 T_2 の等しい量の水が入れられている。温度 T_1 は T_2 より高いとする ($T_1 > T_2$)。そこでパイプの弁を開くと,高温容器 1 から低温容器 2 へ熱量 Q が流れ,その結果,高温容器 1 のエントロピーは Q/T_1 だけ減少し,低温容器 2 のエントロピーは Q/T_2 だけ増加する。T_1 は T_2 より高いので,Q/T_2 は Q/T_1 より大きくなり,この装置全体のエントロピーの収支は,

$$\frac{Q}{T_2} - \frac{Q}{T_1}$$

だけ増加することになる。

これは,熱が高温側から低温側に "一方通行" することの結果である。2 つの容器の温度が等しくなると熱の移動は終わり,もはや変化はおこらなくなる。

3-2 エントロピーの定式化

出典：Wikimedia Commons, By Own work by Daderot (transferred from the English language Wikipedia) [GFDL (http://www.gnu.org/copyleft/fdl.html) or CC-BY-SA-3.0 (http://creativecommons.org/licenses/by-sa/3.0/)], http://commons.wikimedia.org/wiki/File%3AZentralfriedhof_Vienna_-_Boltzmann.JPG

図 3-2 ボルツマンの墓の写真

物質のエントロピー　　次に，物質のエントロピー（物エントロピー）を考えよう．物質のエントロピーとは，その物質の拡散の度合いを表すが，そのためには，原子・分子といった物質を構成するミクロ（微視）の要素の運動状態を調べなければならない．ここでは，結果のみを示すことにしよう．

物質の拡がりは体積 V で表されるが，詳しい計算によれば，物エントロピーは，体積 V の対数（logarithm, log と略す）に比例する量になる［文献 [15], pp.222-223 参照］．すなわち，

> **＜コラム：セ氏温度＞**
>
> セ氏温度は，スウェーデンの気象・天文学者セルシウス（A. Celsius, 1701–1744）によって，1742 年に提案された。彼は，氷が溶ける温度を 100 度，水が沸騰する温度を 0 度としたが，どうも日常感覚からずれているということで，セルシウスが死んだ後，現在使われている表示に変更された。摂氏（セッシ）というよび方は，中国の「摂彌修」という当て字に由来し，それを短縮して摂氏とした。「セルシウスさん」という感じである。
>
> ちなみに，エントロピーは中国語で「火商（シャン）」というが，火で発生した熱を（商）取引することがうまく表現されている。エネルギーは「能（ノン）」で，仕事をする能力を表している。

$$\text{物エントロピー} \propto \log V$$

がなりたつ。

これは，体積 V とともにゆるやかに増加し，拡散する物質のエントロピーが増加することを示している。

なお，ボルツマン（L.E. Boltzmann, 1844–1906）は，エントロピーのミクロ（微視）の意味を明確化するのに多大の貢献をした。彼の墓はオーストリアのウィーンにあるが，そこには，物エントロピー S を表す式

$$S = k \log W$$

が刻まれている。

図 3-3　シュレディンガー［文献 [45], p.21 より引用］

3-3　シュレディンガーの誤り

What is life?（生命とは何か？）　　「エントロピー増大の法則」は，あらゆる自然現象に対して，例外なくなりたつのだろうか？

オーストリアの理論物理学者 シュレディンガー（E. Schrödinger, 1887–1961）は，ミクロの世界を記述する量子力学への貢献で, 1936 年ノーベル物理学賞を受賞した。彼は，1944 年,『生命とは何か (What is life?)』を著し，生命は，エントロピー増大の法則には従わない，と主張した。人間などの生命体は，拡散している食物を摂取しつつ，細胞という小さな組織を作りながら成長する。このような営みは，拡散とは逆の現象で，物エントロピーが減少するかのように見受けられる。そこで，シュレディンガーは，

「生命体は『負（マイナス）エントロピー』を食べて生きている」

と結論した［文献 [25], p.116 参照］．たとえば，10 のエントロピーをもつ生命体が，負 4（−4）のエントロピーを食べれば 6 が残ることになり，結局，生命の活動でエントロピーは 10 から 6 に減少する，というのである．

エントロピーは小さいほど，仕事をする能力が大きい．生物が常に低エントロピー状態を維持しようとするのは，生物が「生きる」ことの証しである．シュレディンガーの慧眼は，生命の本質がエントロピーにあることを見通していた．

では，シュレディンガーが主張するように，生命は物理学の法則にはしたがわない特別な存在なのだろうか？ もし，エントロピー増大の法則が，生命を含むあらゆる現象に対してなりたつものと考えれば，生命現象を特別扱いするシュレディンガーの発想にはどこかに欠陥がある，ということになるのだが・・・．

ミストサウナ　　私は，健康維持のために水泳をしている．そして，いつも泳いだ後には，ミストサウナに入って身体を温める．

サウナでは，背中に熱い水滴が落ちてくることがよくある．天井を見ると，そこにはいくつもの水滴が付いている．この場合，部屋一杯に拡がっている水蒸気が，水滴という狭い領域に凝縮したのだから，これはエントロピー増大の法則に反しているのではないか・・・．たしかに，水蒸気の液化では，物質の状態に注目するかぎりエントロピーは減少しているといえる．そこで，エントロピーを見積もるときには，物質とともに熱の拡散（放出）も考えに入れるべきことを思い出してほしい．

一般に，物質の相（固体，液体，気体）が変化するときには，熱

エネルギーの放出・吸収がある。たとえば，0℃で氷（固体）が溶けるときには，氷は，1グラム当たり80カロリー（$80 \times 4.2 = 336$ジュール）の熱（融解熱という）を吸収して液体の水になる。さらに水が蒸発して水蒸気になるときには，1グラム当たり540カロリー（$540 \times 4.2 = 2268$ジュール）の熱（気化熱という）を吸収する。

このように，固体から液体，液体から気体に変わるときには，熱の吸収がおこる（温度は変わらない）。深い森に入ると涼しいが，これは，木の葉の表面から蒸発する水が，まわりから熱を奪って，水蒸気になるからである。逆に，水蒸気が水に変わるとき（液化），あるいは，水が氷に変わるとき（固化）には，熱が放出される。

|相転移| 固体，液体，気体の状態を，それぞれ，固相，液相，気相とよぶ。固相と液相，あるいは，液相と気相がうつり変わることを「相転移」という。相転移では，熱の吸収・放出があるが，その間，物体の温度は変わらない。この熱は温度計で測ることができないので，潜んでいる熱，すなわち「潜熱」とよばれている。

たとえば，水が蒸発するときには（液相と気相の変化），液体から気体への相転移がおこるが，相転移がおこっている間は，水の温度は変わらない。さらに，固相と液相の変化（水の場合には，氷 → 水）がある。相転移では，水の分子 H_2O は同じであっても，分子の結合状態がちがっている。固相から液相を経ないで気相（またはその逆）に直接変化することもあり，それを「昇華」とよぶ。たとえば，ドライアイス（固体の二酸化炭素，CO_2）は，液体を経ないで気体になる。

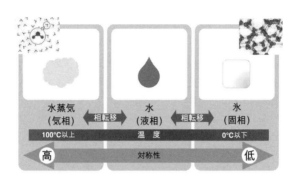

図 3-4　水の相転移

― <コラム：蒸発と沸騰> ―

蒸発と沸騰を混同しないようにしよう。蒸発は 100 ℃ 以下の温度でもおこる。部屋の中に水を入れた容器を置いておくと，いつのまにか水がなくなっているが，これは水が，室温で蒸発したことを示す。他方，ガスコンロにかけた鍋の水は 100 ℃ になると沸騰するが，このときは，水の表面ばかりでなく，内部からも蒸発がおこっている。煮え立っている水を「グラグラしている」と表現するのは，沸騰しているようすをよく表している。

さて，話をサウナにもどそう。水蒸気が水滴になる（液化する）ときには，水蒸気がもっている熱エネルギー（1 グラム当たり 540 カロリー）が放出されている。そこで，エントロピー増大の法則を適用するときには，液化の潜熱もふくめて，すべての熱の出入りを考える必要がある。

水蒸気が液体の水になる（液化する）ときには，「物エントロピー」は減少しているが，他方では，まわりの環境へ潜熱が放出

されており「熱エントロピー」の増加が同時におこっている。もし熱エントロピーの増加が物エントロピーの減少を上回っていれば、最終的には、水蒸気から水への変化（液化）を通じて、エントロピーは増大することになる。

つまり、物質の拡散・収縮だけ、あるいは熱の移動（拡散・収縮）だけでは不十分で、物質と熱の両方の出入りを表す物理量「エントロピー」によって、あらゆる自然現象がエントロピー増大の法則にしたがっていることが把握できるのである。水蒸気の液化では、潜熱がまわりの環境に放出されていて、大きな熱エントロピーの増加がおこっているのである。

生命とエントロピー　　それでは、サウナのことを念頭において、シュレディンガーが注目した「生命」の議論にもどろう。

生命体として、植物を例として取り上げる。植物は、空気中に拡がっている二酸化炭素と、地中の水を取り入れ、光合成によってブドウ糖（あるいは、その集合体としてのデンプン）という固まり（分子）を作りながら成長していく。このような植物の生命活動をみるかぎり、明らかに「物エントロピー」は減少している。

しかし、サウナの場合と同じように、生命活動においても、「物エントロピーの減少」を上回る「熱エントロピーの増大」が隠されていないだろうか。もし、このようなしくみが明らかになれば、シュレディンガーのいうように、生命体が「負のエントロピーを食べる特別な存在」ではなくなる。逆に、「エントロピー増大の法則」が、生命体をふくむあらゆる現象に対してなりたつ普遍的な物理法則であることが確かめられる。これを以下でみることにし

よう。

3-4 植物とエントロピー

植物と水　　植物は，光合成によって，生命を維持している。光合成のしくみは，次のようである。空気中から取り入れた二酸化炭素（CO_2）と根から吸い上げた水（H_2O）とから，太陽エネルギー（光のエネルギー）を化学エネルギーに変えて，デンプンを作り，酸素（O_2）と水蒸気（H_2O）を放出する。デンプンは，ブドウ糖（$C_6H_{12}O_6$）の集合体である。

光合成の化学式は，以下で与えられる。

$$6CO_2 + 12H_2O \to C_6H_{12}O_6 + 6H_2O + 6O_2 \quad \cdots (1)$$

この場合，大気中に拡がった二酸化炭素から，小さな領域に存在するブドウ糖を作るのであるから，「物エントロピー」は減少している。

ところで，この化学式 (1) の左辺と右辺には，水分子 $6H_2O$ 分が重複して現れている。そこで，両辺からこの $6H_2O$ を取り去って，次のように書いたとしても化学式としてはなりたっている。

$$6CO_2 + 6H_2O \to C_6H_{12}O_6 + 6O_2 \quad \cdots (2)$$

むしろ，「化学反応では，必要な最小限の分子を記す」という化学精神を重視すれば，(2) 式のような表式が好ましいとさえいえる。そして，両辺から消去した $6H_2O$ は，化学反応には関与しないのであるから，植物中を通り抜けてしまう"水"であることが示唆される。そうであれば，その水（消去した $6H_2O$）は，植物の成長にとって何の役割もはたしていないのではないか？

3-4 植物とエントロピー

重要な点は，両辺から消去した「$6H_2O$」は水分子という点では同じであるが，その状態が異なっている，ということである．すなわち，左辺の H_2O は根から吸い上げる「液体の水」であるが，右辺の H_2O は葉の裏側にある気孔から蒸発する「気体の水（水蒸気）」なのである．このように，化学式の両辺にある「$6H_2O$」は，分子式は同じでも，水の相がちがっているので，その役割は異なっていて，実は省略することはできないのである．

これまでの議論を化学式にまとめると，次のようになる．

$6CO_2$ 　　　＋　　　$6H_2O$ 　　　＋　　　$6H_2O$
　　　　　　　（光合成の際に使われる水）　（液体の水）

　→　　$C_6H_{12}O_6$ 　＋　$6H_2O$ 　＋　$6O_2$
　　　　　　　　　　　（気体の水：水蒸気）

上式からもわかるように，光合成に使われる水とは別に，植物中を通り抜けながら蒸発する水が存在している．サウナの場合と同じように，この水が蒸発して放出する熱エントロピーが，物エントロピーの減少を上回っているのである．

こうして，植物でも「エントロピー増大の法則」はなりたっていることが確かめられた．エントロピー増大の法則は，たとえ生命現象であってもなりたっている普遍的な物理法則ということができる［文献 [25, 10] 参照］．

木の葉が緑なわけ　　そこで，木の葉に備わった，熱（熱エントロピー）を効率よく放出するための巧妙なしくみをみてみよう．

太陽光の色は，その波長によって決まる．可視光線は，俗に7色といわれているように，波長の長い方から短い方に順に「赤，

橙, 黄, 緑, 青, 藍, 紫」の色を示す。このように波長ごとの強度の分布をスペクトルといい, 可視光線とは人間の目がとらえることができる光線をいう。太陽光をスペクトルに分解すると大部分は可視光線であるが, これは偶然ではない。もともと太陽が先にあって, その光の波長の領域に, 人間の目が敏感なように進化したのだから。

光合成に必要な太陽光は, 主として長い波長をもつ"赤い光"である。それ以外の光は, 成長(光合成)にとっては不要であるが, その割合は約80%にもなる[文献[10]]。この大量の余分な光をそのまま吸収したのでは, 植物は焼けこげてしまう。そこで植物は, 熱の害から身を守るために, さまざまな工夫をこらしている。

まず, 葉の色は赤の補色「緑」になっている。緑色光の波長は, およそ500〜570 nmにあたる[†]。このことによって, 光合成に不要な緑の光が, つるつるした表面で反射されて, 葉の中まで浸透しない。一方, 太陽の「赤い光」は緑の補色であり, 葉の緑色に妨げられることなく裏面まで達する。そして, 葉の裏には気孔があり, そこから二酸化炭素を取り込み, 酸素を放出する。その気孔の近くには, 葉の成長をつかさどる重要な細胞小器官「葉緑体」がある。裏面は, 全体に葉脈がごつごつしていて表面積が大きくなっているが, これは葉緑体の位置を日陰の涼しい場所にして, 太陽熱から保護しているためである。

このように, 原始地球ができて以来, 数十億年という長大な時間をかけて, 植物は, 光合成を効率よく進めるためのしくみを作り

[†] ただし, nmはナノメートルを表し, 1 nmは, 10億分の1メートル (10^{-9} メートル) に相当する。

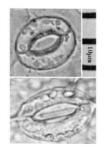

出典：Wikimedia Commons, By KuriPop (from KuriPop) [GFDL (http://www.gnu.org/copyleft/fdl.html) or CC-BY-SA-3.0 (http://creativecommons.org/licenses/by-sa/3.0/)], https://commons.wikimedia.org/wiki/File%3AStomata_open_close.jpg

図 3-5　シロイヌナズナの気孔。(上) 開いた気孔，(下) 閉じた気孔

上げてきた。それは，第一に，水の蒸発によって熱エントロピーを効率よく放出すること，第二に，光合成には寄与しない緑の光を反射して取り入れないことである。

科学を知らない植物が，科学を発達させてきた人間にはまねのできない数々の巧妙な生き残り戦術を身につけている。ただただ，脱帽するばかりである。

3-5　生命体にとっての水の役割

生命体をなりたたせるうえで，水がもっとも重要な役割を担っていることは，先人達も気がついていた。B.C.600年頃，タレスは
　　　「万物の根源は水である」
と述べた。その100年後B.C.500年頃には，哲学の巨人，ヘラク

レイトスが現れ，自然の根本原理をこう喝破した。

「万物は流れる」

と。これはまさしく，「エントロピー増大の法則」を予感させるものではないか。

生物が生きているためには，たえずエントロピーが流れ続けていなければならない。生物は，小さなエントロピーを大きくすることによって，活動する（生き続ける）ことができる。そして，生物が生き続けるためには，大きくなったエントロピーをどこかに捨てなければないが，地球環境にはそのようなしくみが備わっている。

環境の役割　これまでの議論からわかるように，自然現象では，無生物と生物を問わず，物質・熱のエントロピーは増大する。雑な表現になるが，物質・熱は，変化を通じて高品質状態から低品質状態へ進む。「きれいなものは汚れる」ということもできる。

このように生命体は，そのままでは「エントロピー増大の法則」にしたがって質を低下させる。そこで，生命を維持するためには，たえず低エントロピー物質を取り込み，それを上回る高エントロピーの熱をまわりの環境に放出し続ける必要がある。

このしくみを環境の側からみると，環境は単なる空間ではなく，生命体から放出された「高エントロピーの物質・熱」を受け入れるとともに，生命体に「低エントロピーの物質・熱（たとえば冷たくて，きれいな水）」を供給できる場でなければならない。つまり，外側の環境は，生命体そのものよりきれいでなければならない。内部に生命体を宿し，エントロピーのやりとりをしているこ

3-5 生命体にとっての水の役割

図 3-6 水の大循環（宇宙空間へのエントロピー廃棄）［文献 [53], p15 より引用］

の環境を「生命圏」とよぶことにする。

生命圏とは　　生命圏は，地上と海中に広がっている。空気は高度とともに薄くなり，世界の最高峰エベレスト（8848 m）では，地上の約 30 % になってしまう。高度とともに温度も下がる。たとえば，海面の温度を 15 ℃ とすると，富士山の山頂では，約 -10 ℃。このような状況を考えると，生物が存在できる領域（生命圏）は，せいぜい上空 10 km ほどまでに限られる。一方，一番深い海は，太平洋のマリアナ海溝で約 10911 m。この海底に生物がいるかどうかは定かではない。いずれにせよ，生命圏は海面の上下 10 km ほどであり，地球の半径 6000 km の 600 分の 1 にしかならない。

出典：Wikimedia Commons, By NASA / Bill Anders [Public domain], https://commons.wikimedia.org/wiki/File%3ANASA-Apollo8-Dec24-Earthrise.jpg

図 3-7　1968 年 12 月 24 日，宇宙船アポロ 8 号が月のまわりの軌道を回っているとき，乗員 Bill Anders によって撮影された。月の水平線上 3 倍の位置に上昇する地球が見える。

　生命体が生命圏に放出した熱エントロピーは，最終的には宇宙空間に放出される。そして実は，そのような熱エントロピーの運び屋は，どこにでもある「水」なのだ。水は，その潜熱が 1 g 当たり 540 cal と大きいために，少しの量で多くの熱を捨てることができる。つまり，効率よくエントロピーを廃棄できるのである。この熱は，5.4 g の水（ほぼ小さじ一杯分）を 0 ℃ から 100 ℃（沸騰の直前まで）に熱することができる熱量に相当する。水は，植物や動物から熱をうばって蒸発し，生命圏を貫き，上空 5000 m 辺りで熱を宇宙空間に放出して冷やされる。そこで水蒸気は，液化あるいは固化して重くなり，エントロピーの小さな雨や雪になって

地球にもどってくる。こうして水は，たえず「エントロピーを更新」している。これを「水の大循環」とよぶ。

地上にもどった水は，生命体に吸収され，ふたたび生命活動に利用され，水蒸気として放出される。「水の大循環」は，エントロピーを宇宙に放出することによって，エントロピーを更新し，地球を生命の星にしているのである。

1961年4月12日，ソ連（当時）の宇宙飛行士 ガガーリンは，ヴォストーク1号に乗り，世界で初めて大気圏外に飛び出した。そのとき彼の口から出た「美しい！ 地球は青かった」という言葉は，地球のどこにでもある水こそが，生命の繁栄をもたらす主役であることを思い起こさせる名言である。

3-6 エントロピーの視点からの生ゴミ処理

かって人口も少なく，人間の生産活動が盛んでなかった時代には，生命圏は広大な空間として，人間活動で発生するゴミを受け入れることができた。しかし，近年の急速な人口の増加と際限のない生産活動の拡大は，温室効果ガスや有害物質などの排出によって生命圏を汚染し続けているが，それは人間にとっての環境が劣化していることを意味する。生命圏には，これまでのように「何でもござれ」という余裕がなくなってきた。

日本は，世界の焼却炉のおよそ3分の2をかかえる焼却大国である。そして，毎年家庭から出る約5000万トンのゴミのほとんどが燃やされている。しかし，これまでの議論からわかるように，

燃やすことによってゴミが消滅するわけではない。特殊相対性理論は，ゴミのほとんどが，二酸化炭素や水蒸気となって大気中に蓄積することを，疑う余地なく示している。燃やすことによって，エントロピーは増大する。つまり，生命にとっての地球と大気が，劣化しているのである。

　だが，日本では，脱焼却の動きは鈍い。持続性の意義を考えようとしないゴミ処理の弊害は時代とともに拡大している。なぜなら，資源の減少と環境の破壊は，時とともに深刻さの度合いを深めていくからである。家庭ゴミは，約40％が生ゴミで，それ以外は，プラスチック，紙などの工業製品である。とくに生ゴミは，善悪両面が同居する諸刃の剣である。生ゴミは大量の水分を含んでいて，石油をかけなければ燃えない。つまり，燃やせば環境負荷を大きくすることになる。他方，土に返せば，菌類によって元素に分解され，野菜などに吸収される。この間，水の蒸発によってエントロピーの増加が抑制される。

　生ゴミを燃やすことなく，物質循環の輪に組み入れることは持続性の視点からも必要条件である。この点については，4-7節で最近行われている事例を紹介する。

4 生命の星・地球

4-1 宇宙のなかの地球

 第3章では,エントロピーの視点から,生命の持続性を考察した。大切なことは,生命体のエントロピーを,物質と熱の両面からとらえることであった。そこで,わかったことをまとめると以下のようになる。

 (1) 生命活動によって「物エントロピー」は減少する。しかし,「物エントロピー」の減少を上回る「熱エントロピー」の増加があり,最終的には,全エントロピーは増加する。

 (2) 地球上の三種の生命体(植物,動物,菌類)の間には,永続的な「物質循環」がなりたっている。これらの生命体は,小さなエントロピーを吸収し,増加したエントロピーを廃棄することによって生存する。

 (3) 地球には,生命体が廃棄する大きなエントロピーを捨て,生命体に小さなエントロピーをあたえる,いわゆる「エントロピー更新のしくみ」が備わっている。その主役は「水」である。

 (4) 水蒸気が液体の水になるときの潜熱は,1グラム (g) 当た

り 540 カロリー (cal) と大きく,効率よくエントロピーを廃棄することができる。

このようにみてくると,地球に水が存在することが,生命の繁栄にとって本質的に重要な要件であることがわかる。そこで,46億年の地球史に光をあて,生命を繁栄させた,この地球に備わった特別のしくみのなりたちをみてみよう。

銀河系　地球が存在する太陽系は,中心の太陽とそのまわりを回る8つの惑星からなる。その太陽系が属するより大きな星の集団が銀河系で,別名,天の川銀河ともいう。銀河系の直径は10万光年で,2000～4000億個の恒星が含まれている。ここで,「1光年」とは,光の速さで走って1年かかる距離である。また,「恒星」とは,太陽のように自ら光る星をいう。

宇宙全体には,観測できる銀河が,少なくとも1700億個はある。したがって,宇宙全体の恒星の数は「1つの銀河に含まれる恒星の数(典型的に4000億個)」に「銀河の数(典型的に2000億個)」をかけたものになるが,それは気が遠くなるほど,大きな数になる。その莫大な数の恒星の一つが太陽であり,地球はそのまわりをめぐる一惑星にすぎない。このような数値を並べたてたのは,生命を宿す星,地球がきわめて希有な存在であることを知ってもらいたいからである。他方,このことは,広大な宇宙空間に,地球に似た生命を宿す星が存在することを示唆している。

太陽系　わが太陽系ができたのは,宇宙開びゃく後,およそ90億年たったころ,すなわち,いまから46億年ほど前とされる。

4-1 宇宙のなかの地球

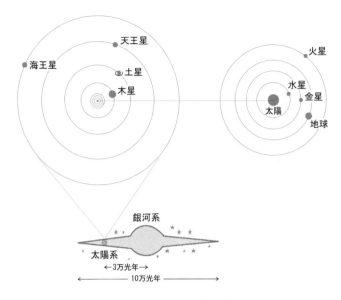

図 4-1 わが銀河系と惑星

宇宙に広く分布する巨大な分子の雲が重力（引力）によって収縮して，固まりをつくった。その質量の大部分は太陽をつくり，残りから地球などの惑星，月などの衛星ができた。

| 惑　星 | 太陽系内の惑星に目を転じてみよう。

太陽系には，8つの惑星，小天体（小惑星，彗星など），衛星（惑星のまわりを回る）がある。現在までに発見されたもので小惑星番号が付けられた天体は，30万個を超える。とくに，火星と木星の間には多くの小惑星がある。ここに生命に必要な水や有機物質があると考えられているが，それが検証されれば，生命誕生のし

> **＜コラム：生命の手がかり＞**
>
> 生命の手がかりを得るために，2014年12月3日13時22分，小惑星探査機「はやぶさ2」が打ち上げられ，6年にわたる航海に出発した。目的地は，1999JU3とよばれる小惑星。直径0.7 kmで地球の近傍をまわり，生命の基本元素である炭素の含有量が多い。新しく開発した装置「インパクター」で，砲弾を小惑星内部に打ち込み，物質を採取して持ち帰ることになっている。6年がかりの大計画から，人間が生命について抱く知的好奇心の大きさがうかがいしれる。

くみに大きな手がかりとなる。とくに，水の気化熱が大きいことが，エントロピー放出にとって本質的に重要であることを考えると，水がなければ生命は存在しえないことになる。

4-2　地球のなりたち

太陽系のなかの地球　　水をたたえた地球。それゆえに，生命を育むことができた地球。地球は，太陽系の8つの惑星のなかでも特異な存在である。そのことをみるために，わが太陽系の個々の惑星と比較しつつ，地球の特徴を探ってみよう。表4-1に8個の惑星の諸性質をまとめた。

太陽系を構成する天体は，太陽のほかに，8つの大惑星と，火星–木星の間にある約4000個の小惑星からなる。表4-1からもわかるように，大惑星については，火星より内側と木星より外側では，その性質が大きく異なっている。水星，金星，地球，火星は，

4-2 地球のなりたち

表 4-1 惑星の比較 [文献 [45], p.107 より引用]

	水 星	金 星	地 球	火 星	木 星	土 星	天王星	海王星
太陽からの平均距離（地球－太陽間＝1）	0.387	0.723	1	1.524	5.203	9.539	19.13	30.06
公転周期	88 日	224.7 日	365.24 日	687 日	11.86 年	29.46 年	84.01 年	164.8 年
自転周期	59 日	243 日 逆行	23 時間 56 分	24 時間 37 分	9 時間 50 分	10 時間 14 分	11 時間 逆行	16 時間
赤道直径 (km)	4,880	12,104	12,756	6,787	142,800	120,000	51,800	49,500
質量（地球=1）	0.055	0.815	1	0.108	317.9	95.2	14.6	17.2
平均密度（水=1）	5.4	5.2	5.5	3.9	1.3	0.7	1.2	1.7
大気（主な成分）	なし	二酸化炭素	窒素 酸素	二酸化炭素 窒素 アルゴン	水素 ヘリウム	水素 ヘリウム	水素 ヘリウム メタン	水素 ヘリウム メタン
可視表面での平均温度 (°C)	350（固）昼〜170（固）夜	33（雲）480（固）	22（固）	−23（固）	−150（雲）	−180（雲）	−210（雲）	−220（雲）
衛星の個数	0	0	1	2	53	53	27	13

注；固＝固体；"雲"は細かい水滴または氷晶が数多く集まって大気中を浮遊しているようにみえるものをいう。

地殻をもち密度も大きい。他方，木星，土星，天王星，海王星は，ガスの固まりで，密度は小さいが，質量は大きい。太陽系内の星の質量は，99.9％が太陽に集中し，地球の300倍もの質量が木星に集中している。

地球型惑星　　表4-1にみるように，4つの地球型惑星（水星，金星，地球，火星）のなかで際立って異なる性質は，「地表の温度」と「大気の組成」である。地球の温度が，早い時期から，10℃〜40℃に保たれていたのは驚くべきことである。なぜなら，このことは，液体の水の存在を保証するからである。

　原始生命の起源にはいろいろな説があるが，暖かい海底火山の周辺で，化学反応が効率よく進んで，より複雑な高分子が生まれた，というのが大方の理解であろう。つまり，液体の水こそが生命発生の重要な舞台であり，かつ，生命体と宇宙を行き交う「水の循環」こそが生命繁栄の主役を演じているのである。

　一方，他の惑星の表面温度は，すべて100℃以上か0℃以下で，そこには液体の水は存在せず，したがって，地球にみるような生命は発生しえなかった。太陽系という限られた宇宙にあって，地球だけが，「液体の水」を維持し，水の循環によって「エントロピーの更新」を可能にしているのである。

原始の地球　　では，原始の地球に目を向けてみよう。太陽系の隕石や月の岩石の生成年代から推定して，地球は，およそ46億年前に形成されたと考えられている。地球が形成された初めの数百万年は，太陽系自体がまだ不安定で，多数の隕石が地球に衝突し，表面には多くの傷跡があった（図4-2 (a)）。その後，数千万年

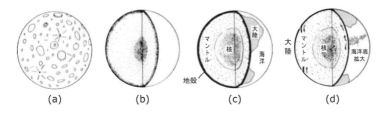

図 4-2　初期の地球進化［文献 [33], p.32 より引用］

の間には，重力による圧縮，隕石の衝突，放射性元素の崩壊による熱で，地球は一度とけて，その後 地殻らしいものができた（図(b)）。いまから 22 億年前から 37 億年前には，海洋と大陸が作られはじめる（図 (c)）。図 (d) は 6 億年前までの原生代の大陸の成長を示す。マントルと核（中心部分）がはっきり分離している。地球型惑星などでは，金属の核に対しマントルは岩石からなり，さらに外側には，岩石からなるごく薄い地殻がある。核は，鉄が主成分で，ニッケル，イオウなどを少量含む。火山ガスには，水蒸気，二酸化炭素，窒素，塩素，水素，アンモニアなどが含まれていたが，酸素はなかった。

4-3　6 億年前までの地球

温室効果ガス　　太陽が地球を照らすと，その一部は反射され，残りは地球に吸収される。吸収された光は地球を暖めることになるが，同時に暖まった地球は，波長の長い赤外線を大気中に放射して冷える。

布団は熱を作りだしているわけではないが、身体から放出する熱をくい止め、寝床を暖かくしてくれる。二酸化炭素と水蒸気は、ちょうど「布団」と同じような役目を担っていて、熱を地球の外に逃がさないようにしている。いまは温室効果ガスとして嫌われている二酸化炭素・水蒸気も、原始地球では、重要な布団の役割を果たした。二酸化炭素・水蒸気が少なければ、熱の放出が加速され地球は冷えるが、これは布団が薄すぎることを意味する。逆に、二酸化炭素と水蒸気が増えれば、地球は暖まり、それがさらに二酸化炭素・水蒸気の量を増やし、温室効果の暴走がおこる。寝るときには、熱ければ足を布団の外に出せばよいが、地球の場合はそうはいかない。地球のすぐ内側の金星は、その大きさ、質量、密度などの点で、地球によく似た惑星であるが、大気はほとんどが二酸化炭素からなっている。その結果、金星の地表付近の温度は平均 500 ℃ にも達する。

温室効果ガスとしての二酸化炭素は、多くても、少なくても問題がある。

|温度と大気|　　図 4-3 に原始地球の大気と温度についてのハート (M. H. Hart) によるモデル計算を示す。このモデルによれば、46 億年前の地球誕生から 20 億年前までは、大気の主成分は、二酸化炭素 (CO_2) とメタン (CH_4) であった。これらの分子は、今日では温暖化の原因物質として問題視されているが、初期の地球における生命活動にとっては、重要な物質であった。なぜなら、40 億年前の太陽光線はいまより 25 % も弱く、水の凍結を回避するためには、強力な温暖化効果を必要としていたからである。

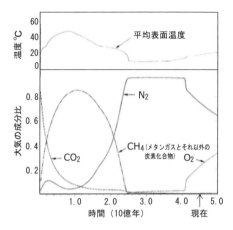

図 4-3 ハートのモデルによる大気と温度［文献 [42]，（下）p.31, Fig.2;（上）p.32, Fig.4 より引用］

 27億年前には，原始的な細菌・藍藻類が，地球上のあらゆるところに発生した。この藍藻類と泥などの堆積物が何層も重なったものを「ストロマトライト (stromatolite)」とよぶ（図4-4）。それは，太陽光のエネルギーを利用して，炭酸ガスから酸素（O_2）をつくりはじめた。さらに，放出された酸素は，メタン（CH_4）やアンモニア（NH_3）を分解した。こうして，6億年前頃から大気中に酸素が蓄積しはじめ，陸上で生活する動物が発生するきっかけをつくった。

出典：Wikimedia Commons, By Paul Harrison [GFDL (www.gnu.org/copyleft/fdl.html) or CC-BY-SA-3.0 (http://creativecommons.org/licenses/by-sa/3.0/)], https://commons.wikimedia.org/wiki/File%3AStromatolites_in_Sharkbay.jpg

図 4-4　西オーストラリア，シャーク湾のストロマトライト

4-4　二酸化炭素は循環する

二酸化炭素の役割　　初期の地球にとって，二酸化炭素は手に負えない有害物質ではなく，適切な気温を保つためには必要な物質であった。

大気は二酸化炭素の巨大なため池であるが，二酸化炭素は，じっとそこに静止しているのではなく，大気と生命体の間を循環している。しかも，二酸化炭素は，多ければ温暖化を，少なければ寒冷化を招くことになり，適切な量に保つことが重要である。

先に述べたように，「生産者」とよばれる植物は，葉から取り込んだ二酸化炭素と根から吸い上げた水で，光合成によってデンプンを作って成長する。その際，酸素を放出するが，それは人間を

ふくむ動物の呼吸にとって必要不可欠なものである。このように，植物の光合成は，植物，動物，菌類の協調による生命の持続性を実現するための出発点ともいうべき，もっとも基本的な現象である。

大気中の二酸化炭素と微生物　瀬戸昌之（微生物学者）によれば，大気中における二酸化炭素の総量は，約2兆6000億トンである[文献 [29] 参照]。以下，大気中の二酸化炭素と微生物のはたらきとのかかわりをみてみよう。

森林と海洋では，外観も生態系も大きく異なっている。しかし，すべての生態系は，太陽の光が当たる上層部は光合成によるデンプンの生成，すなわち有機化を行う「独立栄養生物」が占め，下層部は主として，有機物を分解して無機化する「従属栄養生物（分解者）」が占めるという点で，共通の構造になっている。

光合成の産物としての有機物は，森林では，落葉・落枝として地表に蓄積する。また，湖沼や海洋では，藻類の死骸などが沈降するが，この現象は「マリンスノー（海雪）」とよばれる。以下では地上の現象をみていくが，海洋でも同じしくみがなりたっている。

落葉・落枝，藻類の死骸，動物の死骸や排泄物などの有機物「デトライタス」には菌類が生息し，有機物を無機化している（1章p.12参照）。たとえば，デトライタスに含まれる炭素は，無機物としての二酸化炭素（CO_2）として大気中に放出される†。そして，植物，動物の呼吸とデトライタスをあわせ，毎年約2100億トンの二酸化炭素が排出されるが，その主役は，土中の微生物・菌類で

---

† 大気中の二酸化炭素は光合成によって植物に吸収されるが，逆に，植物，動物，土壌中の菌類や微生物の「呼吸」によって，大気中に放出される。（植物は，日中は太陽光を受けて光合成を行うが，太陽が沈んだ夜間には呼吸する。）

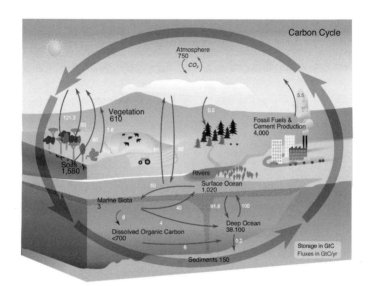

出典：Wikimedia Commons, By User Kevin Saff on en.wikipedia [Public domain], http://commons.wikimedia.org/wiki/File%3ACarbon_cycle-cute_diagram.jpeg を一部改変。

図 4-5 炭素循環の概念図。黒文字の数値（Storage GtC）はそれぞれのリザーバーに存在する炭素量，白抜き文字の数値（Fluxes in GtC/yr）はリザーバー間での年間の炭素の移動量。単位は Gt（ギガ（10億）トン）

ある。もし，菌類による無機化（CO_2 の生成）がなければ，十数年で大気中の二酸化炭素（CO_2）は消費し尽くされ，独立栄養生物（植物）は生存することはできなくなる。つづいて，生育に必要な炭素を得るために有機物を取り入れる生命体，すなわち従属栄養生物（消費者と分解者）も消滅する。いうまでもなく，人間は消費者の筆頭であり，植物なしでは生き続けることはできない。

二酸化炭素の循環　　生命を持続させるために必要不可欠な二酸化炭素。それは，三種の生命体の間を循環しつつ，生命システムの持続性を維持するという重要な役割を担っている。ここで，それぞれの生命体の主な役割をまとめておこう。

表 4-2　生命体の主な役割

	役割	吸収	大気への放出	はたらき
独立栄養生物	生産者（植物）	二酸化炭素（水）	酸素（水）	有機物を生産
従属栄養生物	消費者（動物）	酸素（水）	二酸化炭素（水）	有機物の排出（死骸など）
	分解者（菌類）	有機物（水）	二酸化炭素，酸素，水素（水）など	有機物を無機物に変える

二酸化炭素の量は，独立栄養生物（植物）と従属栄養生物（動物，菌類）の間で，たがいの生命の持続性を保証するように，取り引きがなされている。つまり，二酸化炭素（CO_2）の分量は，自然の基本法則にしたがって過不足なく微調整されていて，かってに人間が立ち入ることができない「自然の掟」なのである。

4-5　地球のしくみ（1）：水は循環する

3-5 節では，水が熱エントロピーを運ぶ役割を担っていることをみた。ここでは，水とエントロピーの関係をみてみよう．

エントロピーと活動力　　液体の水が蒸発して気体の水（水蒸気）になる際に，大量の熱（1 グラム当たり 540 カロリー）が潜熱と

して奪われている。潜熱は，温度の変化には現れない熱，すなわち「潜んでいる熱」である。それは，温度を上げるためではなく，水分子の運動を激しくするために使われる。

部屋に水を入れた容器を置いておくと，夏の暑い日の夜，部屋の温度は高くても，水に手を入れると冷たい。水の温度は，いつもまわりの空気の温度より低くなっている。そして，1週間もたつと，水が蒸発してなくなっている。水の熱は，蒸発によって，容器の中の温度の低い水から，温度の高いまわりの空間にうつっている。たしかに，ギリシア時代の哲人アリストテレスが述べたように，水の特徴は「冷」である。

俗な表現になるが，エントロピーは，「汚れの度合い」ということもできる。「3-4 植物とエントロピー」でみたように，生物が大量の水の蒸発によって生命を維持していることは，自分をきれいな状態（小さなエントロピー）に保つために，たえず"汚れ"（大きなエントロピー）を水（蒸気）に乗せて廃出しているのである。見方を変えれば，水は，汚れを引き受けることによって，生命体をきれいな状態に維持しているということになる。

またエントロピーを，活動力に関連して，次のようにみることもできる。きれいな状態，すなわちエントロピーの小さな状態は，大きな活動力をもつ。朝目覚めたとき，身体のエントロピーは小さく活動力がある。また，子供のエントロピーは大人に比べて小さい。だから子供はいつも動きまわっている。逆に，活動力の消失した状態は，エントロピーが大きい状態で，それが最大になったときに「死」がおとずれる。

4-5 地球のしくみ (1)：水は循環する

水のエントロピー　　生命体は，エントロピーが小さい水（きれいな水）を取り込んで，エントロピーの大きい水（汚れた水）を放出する。であれば，生命が繁殖する地球上では，早晩，エントロピーの大きい（汚れた）水があふれ，生命の持続性が損なわれるのではないだろうか。

生命は，地球が誕生した後，早い時期に発生したが，今日まで，40億年以上にわたって途絶えることなく存続し進化してきた。このことは，生命の維持に必要なエントロピーの小さな水が絶えず供給されてきたことを意味する。たしかに，私たちのまわりの水は汚れている。しかしそれは，汚れた物を作って捨てる人間の行為が原因であって，自然界に備わった性質ではない。いまでも，人が立ち入らない山奥の水は清浄で，飲むこともできる。

では，生命活動で放出されたエントロピーの大きな水は，どのようにしてきれいな水（エントロピーの小さな水）に変わるのだろうか。この原因を突き止めるために，生命体が放出する汚れた水（水蒸気）の行方を追ってみよう。

水蒸気の上昇　　熱い水から放出される湯気（水蒸気）は上昇する。なぜだろうか？　あなたは，「軽いから」と答えるかもしれない。では，何と比べて「軽い，重い」の判断をしているのだろうか？

水の中にピンポン玉とガラス玉を入れてみよう。ピンポン玉は水より軽いので，すぐ上昇して水面に浮かぶが，他方，ガラス玉は沈んでゆく。水蒸気が上昇するのも，この事情と似ている。空気は窒素（N_2）4と酸素（O_2）1の混合物（$4N_2 + O_2$）であり，

窒素の分子量 14 と酸素の分子量 16 を用いて，空気の見かけの分子量を次のように計算することができる．

$$\text{空気の見かけの分子量} = \frac{(4 \times 14 \times 2) + (1 \times 16 \times 2)}{4 + 1} = 28.8$$

一方，水（H_2O）の分子量は

$$\text{水の分子量} = (2 \times 1) + (1 \times 16) = 18$$

であるから，たしかに，水蒸気は空気より軽い．ピンポン玉が水中を上昇したように，水蒸気も空気中を上昇することがわかる．

しかし，いつまでも上昇を続けたのでは，水蒸気は宇宙に拡散して，やがて，地球上の水は消えてしまうことになる．そうならなくて，地球上の水の量がいつも一定に保たれていることは，上昇した水蒸気が空気よりも重くなって地球にもどってくることを示唆している．しかも，生命を持続させるためには，エントロピーの小さい（きれいな）水に変化していることが必要である．つまり，地上から放出されたエントロピーの大きな（汚れた）水蒸気は，どこかでエントロピーを捨てて，きれいな水に変身しなければならない．

「水が重くなること，水のエントロピーが小さくなること」という都合のよいしくみが，地球の大気圏に備わっているのだろうか？

4-6 地球のしくみ（2）：エントロピーを捨てる

|大気の温度|　　水蒸気が上昇するしくみはわかった．

ところで，大気の温度は，上空に行くにつれて下がっていく．地表に近い大気圏では，太陽放射によってまず地表が暖められ，暖

まった地表が大気を暖める。これにより地表に近い方が気温が高くなる。気温は，高度が100メートル高くなると，平均して0.5〜0.6度（℃）低下する。

この事実からわかるように，地上でセ氏15度ほどの大気は，高度が約2000メートルにもなれば0度になる。つまりこの辺りで，気体の水蒸気はふたたび液体の水，あるいは固体の氷に変化して（重くなり），雨または雪になって，地上にもどってくるのである。その際，水蒸気が地上で得た潜熱（1グラム当たり540カロリー）は，水蒸気の液化によって（エントロピーが小さくなる），宇宙空間に放出される。「それでは，宇宙が熱くなるのでは」と心配するかもしれないが，それは取り越し苦労だ。なぜなら，宇宙は途方もなく広いのだから，地球が放出する熱などは何の影響も与えない。地球とそのまわりの大気には，このような巧妙なしくみが備わっている。

地上の生命体は，成長するたびにエントロピーを増大していくが，そのことによって活動力は低下する。つまり，旺盛な生命活動を維持するためには，地上の生命体は絶えず自らを「小エントロピー状態（きれいな状態）」に維持しなければならないが，それは，水を蒸発させ熱エントロピーを廃棄することによって実現する。そして，それと呼応するように，廃棄されたエントロピーは宇宙空間に散逸するのである。

水の役割　ここで重要なのは，エントロピーの運び屋ともいうべき「水」である。水は地上と上空を，図3-6に示したように水蒸気となって上昇し，上空で宇宙空間に「熱エントロピー」を

放出しつつ,雨または雪になって地上にもどってくる.

その間,水は,気体(水蒸気)から液体(水)(または固体(雪))という異なる状態(相)に変化し,大きなエントロピーを宇宙空間に「放出」しているのである.この変化では,熱の放出はあっても温度は変化しない.このしくみのおかげで,水は,地上の生命体からたえずエントロピーを吸収しながら,生命体を小エントロピー状態に維持している.すなわち,生命体に活動力を与えているのである.前にも述べたように,水は,その潜熱が大きいために,少しの量で多くの熱を捨てることができる.つまり,効率よくエントロピーを廃棄できるのである.

もし地球がもっと大きかったら(重かったら),重力が強くなり水蒸気は十分上空まで到達することができない.すると,そこの温度は地表とあまり変わらないから,水蒸気は冷えて水になりえない.逆に,もし地球がもっと小さかったら(軽かったら),重力が弱くなり,水蒸気はどこまでも上昇して宇宙の彼方に消えてしまうだろう.月に水がないのはそのためである.水蒸気を宇宙に逃がさないためには地球は重くなければならない.他方,水蒸気が十分な高さにまで上昇し,そこで相転移するためには,地球は重すぎてはいけない.

こうして,重力,大気,水の特性の間には絶妙のバランスがなりたっており,それが,水の持続的な大循環をひきおこしつつ,宇宙空間への放熱(エントロピーを放出する)を可能にしているのである.生命を宿す惑星「地球」が,水を保持し,循環させるために,いかに多くの幸運に恵まれているかがわかる.

4-6 地球のしくみ (2)：エントロピーを捨てる

─ <コラム：「地球の特質」と「天文学的条件」> ─

私たちが，生命と環境を考えるとき，その環境とは日常の生活空間であることが多い。しかし，生命をエントロピーの視点からとらえると新しい視野が開けてくる。太陽系の一員，地球には生命の持続性をなりたたせるための多くのしくみが備わっていて，それらが奇跡的に協調していることがわかるのである。

以下に，「地球の特質」と「天文学的条件」をまとめておこう。

1. 地球の特質
* 大量の水がある。
* 水は固体が液体より軽い（氷が液体の水の上に浮かぶ）。
* 水は相転移する（大量の潜熱をもち出し，生命の熱死を防ぐ）。
* 大気の密度（水蒸気より重いので，水蒸気を上空に押し上げる）。
* エントロピー更新のしくみ（水の大循環）：上空で水蒸気は液化（雨）と固化（雪）し，地球にもどってくる。
* 植物–動物–菌類の間に物質循環がなりたっている。

2. 天文学的条件
* 地球の大きさ（適切な重力）。
* 太陽からの距離（適切な温度）。
* 大気の衣を着ている（生命を宇宙線から守る）。
* 適切な量の二酸化炭素（寒冷化を防ぐ）。
* 上空が冷たい（水蒸気を水や雪に変える）。

4-7 地球のしくみ（3）：物質の循環

|分解者・菌類| これまでの議論で明らかになったのは，三種の生命体，植物（生産者），動物（消費者），菌類（分解者）の連携によって，地球上には「物質循環」がなりたっていることであった（「1-4 物質はめぐる」参照）。

植物と動物は地上で見ることができるが，菌類はその大部分が土中に生息していて見えにくい。そのために，私たちはとかく菌類を軽視しがちである。しかし，落葉樹は秋には葉を落とすし，植物も動物も寿命がある。もしそのままであれば，早晩，地球上は，植物と動物の死骸（有機物）で埋め尽くされてしまうだろう。幸いなことに，土中には，有機物を処理するしくみが備わっている。そこには大量の菌類がいて，動植物の死骸を無機物に分解しつつ，それを生産者・植物に提供しているのである。地上で目につく菌類はカビくらいしかないが，土や水の中に潜む菌類の総重量は，ヒトのそれに比べて約 1700 倍にも達するといわれる［文献 [28] 参照］。むしろ，菌類こそが，物質循環の主役であることに注目しなければならない。

人間は，産業革命以来，近代化を進めるという口実を楯に，森林を伐採し地面をコンクリートで固めつつ，菌類のはたらきを無視して，物質循環を破壊してきたのである。そして今ようやく人間は，この行為が，多くの環境悪化をひきおこしている重大な原因の一つであることに気づきはじめ，菌類を活用し「物質循環」を取り戻すべく動き出している。

微生物とは，文字どおり目に見えないほど「微小な生物」のこ

4-7 地球のしくみ (3)：物質の循環

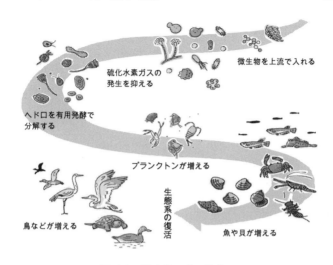

図 4-6 微生物で水の浄化を

と。それは，細菌の集まりで，地球のあらゆる場所に住んでいる。私たちの腸の中にも「腸内細菌」がいて，生命維持のために重要な役割を果たしている。細菌は一つの細胞からなる単細胞生物で，具体的には，ウイルス，カビ，キノコなどがある（カビやキノコのように目に見えるものは，微小な菌類の集合体である）。

水の浄化　　そこで，微生物である菌類の分解者としてのはたらきに注目して，水質浄化に活用されている。

　微生物が水を浄化する一般的なしくみをみてみよう。まず，川の上流で微生物を投入する。微生物（菌）が拡散し水中の有機物に作用すると，硫化水素の発生が抑えられ，有用発酵によりヘドロの分解がはじまるのである。こうした結果として，プランクト

> **＜コラム：ゴミゼロに向けて＞**
>
> 2006年から1年間にわたり「町田市ごみゼロ市民会議」が開かれ，私はその代表を勤めた。生ゴミ，プラスチック・紙ゴミなどの削減についてその方策を多面的に検討した。生ゴミの堆肥化を重視し，その堆肥を使ったレタスの栽培実験を行った（[文献 [48]]）。この活動と並行し，2008年に「NPO法人 町田発ゼロウエイストの会」を結成し，ゴミゼロに向けた諸活動を進めた。この取り組みは2009年度環境省の「循環型地域再生事業」に採択された。中心課題は「微生物を使って休耕田を再生し，米・野菜の生育を観察する」ことであった。また，そのはたらきを調べるために，土壌の元素分析を大学の微生物研究室に依頼した。2008年度，2009年度には，トヨタ財団より「地域社会プログラム」として支援を受け，生ゴミの堆肥化を中心に実証実験を進めた。これら二つの活動を通じて，微生物が土壌の改良をもたらすことを検証することができた。ここでは，水質改善に対する微生物の効用については検証実験を進めることができなかったが，コラムに記した名古屋市と諏訪市の活動から，水の浄化にも利用ができる可能性があると考えられる。

ンが発生し，それを餌にする小魚や貝が増え，さらに，魚を餌にする鳥たちがやってくる。一見，動物とは何の関係もなさそうな菌類が，魚を遡上させ，水鳥を招いたのである。こうして，河川に沿って食物連鎖ができあがり「生物多様性」が回復する。やはり，持続性の本質には，きれいな「水」が求められるのである。

|生ゴミの堆肥化|　　さらに，燃やせば環境汚染につながる生ゴミの処理にも菌類は活躍する。その基本的なしくみは水の浄化と変

図 4-7　取手市の取り組み（写真提供：恒川芳克氏）

わらない。生ゴミを燃やすのではなく，生ゴミを発酵させ，それを土に返して土壌を豊かにし，野菜などの生育を改善するのである。

　私たちはいま，大量生産・大量消費・大量廃棄の非持続的な社会に生きている。それは大量の廃棄物（ゴミ）を放出することにほかならない。日本人が出すゴミは年間約 5000 万トンで，それを燃やすために 2 兆円という莫大な税金を使っている。とくに，ゴミの総量の約 40 ％を占める生ゴミは，燃やせば二酸化炭素を発生し環境を汚染するが，土に返せば植物を育て自然を豊かにする。生ゴミの燃焼は，持続性より利便性を優先するという，現代社会に潜む基本的な欠陥ということができる。

　たとえば，茨城県 取手市では，生ゴミの資源化を進めている。注目すべきことは，行政が市民とともに生ゴミの「脱焼却」に踏み切るべく決意したことだ。平成 6 年に市民 2 人が取り組みだした「生ゴミの堆肥化」がはじまりである。のちにこの活動は「取手市のモデル事業」になり，行政との協働事業として進められ，平成 15 年には NPO を結成して活動を強化し，総務大臣表彰を受ける

ことになった。現在，約1800世帯から生ゴミが回収され，微生物を用いて発酵させ，約90日かけて熟成される。こうして作られた堆肥は，肥料として畑に投入され野菜の生育に役立っている。

この取手での活動は，環境問題の進め方に2つの重要な示唆を与えている。

1) 何ごとも，初めは少人数の取り組みから出発する。
2)「地球規模で考え，足下からの行動」を指針にする。

人間は，近代化を推し進めながら，土中・水中の菌類を軽視してきた。だが，分解者としての菌類は，活用の方法しだいで，生命の維持に重要な役割を果たしてくれるのである。ここにあげた事例は，菌類を軽視してきたこれまでの人間の行為に反省を迫り，持続性が，植物，動物，菌類を含む全生命体の分業によって維持されることを，はっきり示している。科学の基本法則に目を向け，真の持続性を実現したいものである。

──<コラム：微生物の活用>──

ここでは，いくつかある微生物資材を利用した取り組みのなかで，効果の現れた事例を紹介する。

　堀川のヘドロの削減　　名古屋の堀川は，その歴史と中心部を流れることから市民の関心も高い。1910 年の名古屋城の築城と同時に建設がはじまり，海運物流の中心としての役割を果たしてきた。しかし，年月を経るとともにヘドロ臭が強くなり，限られた生物だけが生息する死の川に変貌した。6 年前から地元の NPO が中心となって，微生物の分解能力を利用して浄化をはじめたが，まず硫化水素ガスの発生が抑えられ，臭いもなくなりヘドロが減った。すると，ハゼなどの魚が遡上しその種類も増え，ここ 1, 2 年はアオサギや鵜がたむろして川岸に来ている。こうして，堀川を生物が賑わう場所に生まれ変わらせたが，効果はそればかりでない。浄化活動には近隣の多くの市民が参加して環境改善への意識を高め人間の絆を強くした。少人数ではじめた活動は，多数の市民を巻き込んだ活動として発展しつつある。

　諏訪湖の浄化　　諏訪湖に流れ込む落水川は，この 15 年あまり地域住民による観察や浄化が続けられたが，ヘドロ臭もあり魚を確認することはほとんどなかった。そこで地域住民は長野県・行政担当者との検討をふまえ，微生物資材を用いた落水川の浄化を手がけることにした。この活動は「平成 27 年度 長野県地域発元気つくり支援金事業」に選定されている。彼らは，微生物がもつ自然回復能力に注目し，2015 年からその培養液等を落水川に投入した。その結果，透明度は約 2 倍に改善，湖の主であるナマズの遡上や，たくさんのハヤ，カワニナが見られるようになった。また，ヘドロの厚みも減少し，臭いも消えた。今後，この成果を諏訪湖全体の浄化に広げることが期待されている。

図 4-8　堀川に集まる鳥／シギ／活動の光景（写真提供：石田紀克氏）

図 4-9　ナマズの遡上／カワニナの復活（写真提供：山崎公久氏）

化石エネルギーから自然エネルギーへ

5-1 人類のエネルギー消費

|人類のエネルギー消費量|　エネルギー消費に注目しつつ，人類とエネルギーのかかわりに目をむけてみよう[†]。

現代の成人男子の平均的なエネルギー消費量は，一人当たり，およそ 2,500 kcal ほどである。そのうち，生命維持に必要なエネルギー「基礎代謝」は，1 日の総エネルギー消費量の 60〜70 % を占める（以下ではこれを 2,000 kcal として話を進める）。

およそ 100 万年前，東アフリカに誕生したいわゆる「原始人」のエネルギー消費量は，生命維持のために食料から摂取する 2,000 kcal ほどであった。これは，現代人のエネルギー摂取量とさほど変わらない。

人類はおよそ 50 万年前に火の使用をはじめたといわれている。これは物質がもつ化学エネルギーを熱エネルギーに転化することであった。熱エネルギーの利用が生活に役立つことを発見したの

---

† 以下では，総合研究開発機構の「エネルギーを考える」［文献 [31]］を参考にさせていただく。

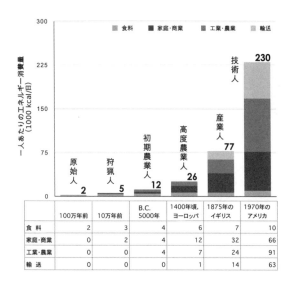

図 5-1 人類とエネルギー消費量 [文献 [16], p.136 の図をもとに作成]

である。熱は質の低いエネルギーであるがために，小規模ながら，早い時期から簡単に扱うことができた。この時代は長く続いた。

およそ 10 万年前，「狩猟人」が現れた。彼らは，肉を焼いたり，あるいは他の肉食動物から身を守るため火を使うようになり，余分のエネルギーを消費するようになった（5,000 kcal）。

紀元前 5000 年頃，農耕がはじまった。この「初期農業人」たちは，家畜を使役に使うようになり，農業の効率化をはかった。消費エネルギーも，12,000 kcal ほどに増加した。

その後，消費エネルギーは徐々に増えていくが，1400 年頃の北西ヨーロッパでは，暖炉に石炭を使い，また水力や風力の自然エ

ネルギーを利用して作業するようになり，農業技術は大きく発展した。このころ，豊かな暮らしをしていた人，すなわち「高度農業人」は，およそ 26,000 kcal のエネルギーを消費していた。これは，生命を維持するためのエネルギー量の 13 倍程度である。このころには，薪，馬力，水車・風車という，いわゆる非枯渇性の「自然エネルギー」が利用されていた。人々は，環境汚染に悩む必要はなかった。

18 世紀の終わりに産業革命がはじまり，「自然エネルギー」から「人工エネルギー」へ大転換がおこった。

1776 年，イギリスのワットにより最初の蒸気機関が発明されたことにより，石炭が豊富なイギリスを中心に産業革命がはじまった。そのころの人間を「産業人」とよぶと，産業人のエネルギー消費量は 77,000 kcal に急増した。

1831 年には，ファラデー（M. Faraday, 1791–1867）が電磁誘導の法則を発見し，力学（運動）エネルギーがさらに電気エネルギーに変換できるようになった。その成果により，初めは石炭，後には石油のもつ化学エネルギーを継続的に大量の熱エネルギーに，さらにそれを電気エネルギーにまで変換できるようになった。

1859 年には，アメリカのドレーク（E.L. Drake, 1819–1880）が，新しい石油の採掘技術を開発した。そのころの石油の利用は灯油にほとんど限定されていたが，1908 年にはフォード T 型乗用車の大量生産がはじまり，ガソリン需要が急増した。1950 年代には中東地域やアフリカに相次いで油田が発見され，エネルギーの主役は石炭から石油へ移行した。石油の燃焼による熱エネルギーは電気エネルギーに変換され，遠距離輸送されるようになった。

5. 化石エネルギーから自然エネルギーへ

こうして「石油文明」がはじまった。

1970年代のアメリカでは、石油エネルギーに加えて、天然ガス、原子力も利用されるようになり、エネルギーの大量消費時代が到来した。「技術人」一人当たりのエネルギー消費量は、230,000 kcalにも増加している。なんとそれは、人間の生命維持のためのエネルギーの約115倍にもなったのである。

* * * * *

ところで、今日の大量エネルギー消費国は、限られた一握りの先進国にすぎない。図5-2に示す各国の一人当たりの一次エネルギー[†]消費量（2012年）をみてみよう。ほとんどの先進国は、世界平均を上回っている。すなわち、カナダは世界平均の3.9倍、アメリカ3.7倍、フランス、ドイツ、日本が約2.0倍である。逆に、中国が0.9倍、ブラジル0.7倍、インド0.3倍、というように、世界平均を下回っている。

このようなエネルギー消費量に差のあることが、IPCCによる温室効果ガスの排出量の配分にも大きな課題になっている。この議論は、世界が石油エネルギーに依存するかぎり、避けることができない。温室効果ガスの抑制は、人類の存続にかかわる喫緊の課題である。

冬でも夏の野菜ができ、スーパーの肉・魚・野菜などの食料品はトラックで運ばれてくるが、それにも石油が使われている。今

[†] 一次エネルギーとは、石油、石炭、天然ガス、原子力、地熱、水力など、自然由来のエネルギー資源のことである。

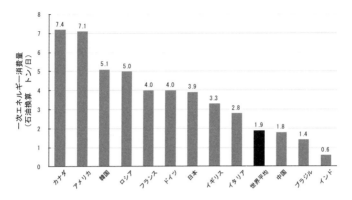

図 5-2　各国の一人当たりの一次エネルギー消費量（2012 年度）
［文献 [1] のデータをもとに作成］

日の先進国の生活は，まさに石油づけである。では，人間が昔に比べて何十倍も幸せになったかというと，そんなことはまったくない。エネルギー消費量と幸せは別物である。

石油価格の変動　　化石燃料の燃焼による温室効果ガスの排出および健康被害に加えて，石油に関連してもう一つの問題点は，価格の変動である。1973 年 10 月 6 日，第 4 次中東戦争が勃発し，原油公示価格が 1 バレル 3.01 ドルから 5.12 ドルに，70 ％ 引き上げられた。いわゆる，オイルショックである。1974 年，日本では消費者物価指数が 23 ％ 上昇し，「狂乱物価」という造語が生まれた。石油の産出が主として中東という特定の地域に限られ，しかも枯渇性である以上，石油価格の高騰は今後ますます厳しいものになるだろう。

重要なことは、日本が自前のエネルギー源をもち、他国への依存度を減らしていくことである。ちなみに、2010年の日本のエネルギー自給率†は、先進国の中でも際立って低く、わずかに4.4％である。

5-2 化石燃料から持続ある自然エネルギーへ

石油文明は持続的か　第2章では、燃焼によりその質量がエネルギーに転化するしくみをみた。そのときに活用した基礎理論が「特殊相対性理論」で、さらに、燃焼の資源である石油が中東に偏在しているのも大きな特徴であった。このような一連の考察から明らかになった石油文明の問題点は、以下のようにまとめられる。

1) 微少なエネルギー生成率（微少な質量転化率）に頼っている。
2) 大量の廃棄物（主として、CO_2）を放出し、温暖化を進行させる。
3) 大幅な価格変動による経済活動の混乱がおこりうる。

一言でいえば、石油文明は持続的ではありえない、ということである。「石油が枯渇するまでは、石油を使おう。その間に、新しい科学が発達して、困難を解決してくれるだろう」とのんきなことをいっている人がいるかもしれないが、それは気休めにしかな

---

†　生活や経済活動に必要な一次エネルギーのうちで、自国内で確保できる比率のこと。

$$\text{エネルギー自給率} = \frac{\text{国内産出量}}{\text{一次エネルギー供給量}} \times 100$$

5-2 化石燃料から持続ある自然エネルギーへ

┌─ <コラム：ワットとカロリー> ─────────────

ワット（W）は1秒当たりのエネルギーで，エネルギーの単位 ジュール（J）を用いて 1 W = 1 J/s と表される。たとえば，20 W の蛍光灯をつけると，毎秒 20 J の電力を使用していることになる。日常生活では，「ワット・時」という表現がよく用いられる。1 ワット・時 とは，1 時間に消費されるエネルギー（J）であるから，1 時間= 3600 秒を用いて，

$$1\,ワット・時（W・時）= 3600\,ジュール（J）$$

となる。

1 カロリー（cal）は「1 グラム（g）の水の温度を，標準大気圧下で 1 度（℃）上げるのに必要な熱量」と定義されているが，水は温度により比熱が変化するので，基本的な物理単位とするには不適当である。このカロリーは本来の国際単位ではないが，生活のある範囲ではエネルギーの単位として使用されている。1 カロリー（cal）は 4.2 ジュール（J）だから，人が必要とする一日の熱量を 2,500 キロカロリー（kcal）とすると，それは，およそ

$$4.2 \times 2500 ≒ 10{,}000\,\text{kJ} = 10{,}000{,}000\,\text{J}$$

に相当する。これをワットに換算するには，1 秒当たりのエネルギーに換算すればよい。まず一日を秒（s）になおして，

$$60 \times 60 \times 24 = 86{,}400\,\text{s}$$

であるから，

$$10{,}000{,}000\,\text{J} \div 86{,}400\,\text{s} = 116\,\text{W}\,(\text{J/s})$$

となる。

人が必要とする熱量の相当部分は体温の維持に使用されているので，昔から人間ひとりは，100 ワットの電熱器に相当するといわれてきた。

└─────────────────────────────

らない。なぜなら，これまで物理学者が発見してきた持続性の基礎理論，すなわち「特殊相対性理論」「エネルギー保存の法則」「エントロピー増大の法則」などが，時間がたったからといって，変更されることはないからである。

このように，石油文明の問題点が明らかになり，それが未来世代に苦痛を与えることがはっきりしている以上，私たちは，早急に，新しい持続文明の創成をはじめなければならない。新文明への移行は早いほど効果があり，時間がかかれば，あともどりできなくなることもありうる。

化石燃料は温存すべきである　　さらに，化石燃料と私たちの今後のかかわり方について，2015年1月8日発行の科学専門誌 Nature に，ロンドン大学の C. McGlade と P. Ekins が「世界に分布する石炭，天然ガス，石油などの化石燃料の大量の温存を求める」という大胆な研究結果を発表し，化石燃料資源を追い求める世界のエネルギー政策や産業のあり方に慎重な配慮を求めている［文献 [55] 参照］。

世界各国は，2012年12月メキシコのカンクンで，地球の平均的な温度上昇が，産業革命以前の平均気温に比べて，2℃ を超えないことで合意している［文献 [12] 参照］。大気の平均温度が二酸化炭素の量で決まるとすれば，"2℃ 合意" は二酸化炭素の排出量の制約を与え，それが化石燃料の使用量を制限することになる。

この研究では，世界の化石資源の埋蔵量，場所，埋蔵の状態などをさまざまな条件を加味して，化石資源使用量の制限を算出している。まず研究チームは，2℃ 以内という目標を50％の確率

で達成するためには，2011年から2050年までの二酸化炭素の排出量の上限値は，約1兆1千億トンでなければならないと結論している。もし，この上限値に制約がなく，採掘可能な三種の化石燃料（石炭，天然ガス，石油）をすべて燃やせば，上限値の約3倍にあたる2兆9千億トンの二酸化炭素の排出量が予想され，2℃の温度制限を大きく超えることになる。

さらに，2℃以内の目標を達成するために，2つの提言をまとめている。

1) 2010年〜2050年の間，温存すべき化石資源は，以下のように推定される：石炭の80％，天然ガスの半分，石油の1/3。
2) 採掘に必要な，さまざまなコストを考慮すれば，北極圏での資源開発はすべきではない。

ここに引用したロンドン大学の研究は，化石燃料が温暖化の原因になるという想定に基づいて，人類の化石資源の利用に警告を発している。今日，化石資源は世界の主要なエネルギー源であるが，それに制限を設けることは，現在のエネルギー文明の変更を意味する。この警告は，本書で述べてきた「石油を燃焼することは非持続的」という主張にも通じる。さらに，本研究は，むだの多い石油文明に代わる新しいエネルギー源の必要性を訴えるものと受け止められよう。

これからのエネルギー（社会）　ここで断っておくことがひとつある。私たちは，エネルギーの利用をすべて拒否し，古い時代へ逆戻りしようとしているわけではない。持続的な新文明を展開するのにふさわしい新エネルギーを発見し，文化の質を高めつつ，持続的で明るい未来を構築しようとしているのである。

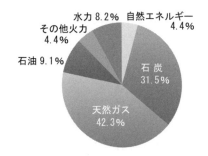

出典：環境エネルギー政策研究所『自然エネルギー白書 2015 サマリー版』www.isep.or.jp/images/library/JSR2015summary.pdf, p.4 の図 3 より引用。

図 5-3　日本の発電電力量の構成（2014 年度：自然エネルギーの内訳は，太陽光 2.2 %，地熱 0.2 %，風力 0.5 %，バイオマス 1.5 %。なお，この年度は原子力発電の割合は 0.0 %である）

　これは，けっして夢物語ではない。それどころか，ヨーロッパ諸国，アメリカ（西海岸），中国などの国々は，自然エネルギー[†]のための施設を大々的に建設しつつあるのである。

　2014 年の日本における総発電電力量に対する自然エネルギー（水力を除く）の割合はわずかに 4.4 %であるが，ドイツでは，すでに電力供給に占める割合が約 30 %にも達している（図 5-4 参照）。

　自然エネルギーの発生には，太陽光，風力，水力，地熱，潮汐力，そしてバイオマスなどがある。これらの自然エネルギーは，環境を悪化することもなく，基本的に燃料費はかからない。こうみてくると，自然エネルギーは，化石燃料がもつ問題点のほとんど

[†] 「自然エネルギー」は，日本では「再生可能エネルギー」とよばれることが多いが，これは，「エネルギーを消費しても，つねに再生（供給）され枯渇することがない」という意味である。（その他，新エネルギーということもある。）

を回避していることがわかる。なお，太陽光発電や風力発電は天候に依存するので不安定であるといわれるが，いろいろな地域に分散した発電施設間で電力のやり取りを可能にすれば回避できる。そもそも，自然エネルギーの施設は地域分散型で，火力発電や原発のように少数の巨大施設によるものではなく，それゆえに，地域間の電力の授受システムの構築が強化されなければならないのである。

5-3 日本の自然エネルギー

新しい社会へ：欠点が長所に　　自然エネルギーに対して，次のような意見がだされることがある。「自然エネルギーの密度は低く，広い面積や多様な施設を必要とし，多くのエネルギーを消費する現代社会には向かない」と。

この主張は，「大量生産・大量消費・大量廃棄」による現代の物質文明を前提にしている。しかし，いま私たちがめざすのは，未来世代に資源の枯渇と環境負荷の増大という大きなツケを残すような，現代社会のあり方そのものを変革することである。

よくよく考えてみると，自然エネルギーに対する上記の批判は，私たちが求める新しい社会への移行にとって，逆に有利な条件になる。何よりも，自然エネルギーが持続的なことは最大の長所であるが，それに加えて以下のような特徴がある。

第一は，密度が低い自然エネルギーであればこそ，火力発電や原発のような一極集中型ではなく，分散型・地域密着型になることである。地域には，山あり，川あり，平野あり，海あり，・・・と

いうようにそれぞれ特徴があるのだから，それを生かした地域固有のエネルギー施設が建設できる．このような自由度の高い分散型システムは，一極集中型システムとは対極にある．地域で産出した食物を地域で消費することを「地産地消」とよぶ．現在，「地産地消」の重要性は食物について注目されているが，「エネルギーの地産地消」も同様に重要である．

第二の特徴として，環境負荷がなく，資源の入手に経費がかからないことである．設備も，原発などに比べれば非常に単純で，かりに事故があったとしても回復が早い．災害の影響をうけにくい安心・安全のエネルギー生産方式で，持続社会の要ということができる．

第三の特徴は，世界の国々に，平等に供給されるエネルギー源であることである．日本は世界第4位のエネルギー消費大国であり，2015年には，83％にも達する原油を中近東から輸入している．このように一箇所（中東）に片寄ったエネルギー資源の供給がいかに危険なものかは，オイルショックの厳しい経験を振り返ればよくわかる．

第四は，省エネルギーに対する住民意識の向上である．自然エネルギーの発電システムは，火力発電や原発にみられるように，大多数の消費者から遠く離れたところにある集中型の巨大設備ではない．地域密着型で適切な規模の自然エネルギー施設は，そこに暮らす人々に，「自分たちのエネルギー」という愛着心を芽生えさせ，省エネルギーへの動機を育むことになる．自然エネルギーは，いわゆる「ご当地エネルギー」であり，地域固有の特色あるエコ産業を生み出す源泉になる．たとえば，太陽光発電では，モ

ジュールコストは4割程度で，6割は工事費であるが，それは，地域の産業・雇用を生みだし地域を活性化することにもなる。

＊　＊　＊　＊　＊

自然エネルギーへの移行は，経済発展を追い求める今日の社会から脱却し，地域の人間的な絆を強くしつつ，「**適量生産・適量消費・少量廃棄**」という真の循環をめざす社会への脱皮をうながすであろう。

「持続性，安全性（危険性），経済性，地域の発展性」など，これからのエネルギー政策に要求される種々の条件に対して，自然エネルギーと火力発電や原発は，ことごとく対立している。つまり，自然エネルギーを導入することで，火力発電や原発の縮小につながるのである。2011年3月11日，東日本大震災による東京電力の悲惨な原発事故があり，持続的で安心・安全の自然エネルギーの需要が急速に広まりつつある。人々は，原発に大きな不安を抱き，原発技術の脆弱性と危険性を見とどけた。そして，原発とは正反対の性格をもつ自然エネルギーに注目が集まっている。

ここで，自然エネルギーへの移行とともに，省エネルギーが，持続的な社会を築くために大きな役割を果たすことを指摘しておきたい。東京電力管内は，2011年3月11日から8月下旬までに，前年同時期比で，14％の節電（ピーク時は18％減）を達成した。日本中が省エネルギーのために創意工夫を凝らした成果である。

買取制度によるあとおし　　かつて「風力ならデンマーク」，「太陽光なら日本」といわれ，2003年には，日本の太陽光発電の規模は，

2位のドイツの2倍もあった。ところが，ドイツは，2004年から，自然エネルギーを高く買い取る制度（固定価格買取制度とよぶ）をはじめたことによって太陽光発電が急増し，2005年末には，日本を抜いてトップの座におどりでた。逆に日本は，補助金の減額によって，2006年には13位という下位に落ちてしまった。

日本において，全発電量に占める自然エネルギーの割合は，水力を除くと，2001年度の0.7％から，2010年度の1.1％へと，10年間でわずかに0.4％の伸び率にとどまった。しかし，日本でも2012年7月に固定価格買取制度が導入されると，2013年度に2.2％に急増した（水力発電を除く）。このことによって，その年の火力発電の増加が抑制され，燃料費の削減（石油換算）は，約3200億円に達した。同時に，温室効果ガスも削減され，新たに28万人もの雇用が生まれると試算されている［文献[22]参照］。

|日本の自然エネルギーの未来|　ここで，自然エネルギー財団上級政策アドバイザーのエリック・マーティノー氏が，2014年2月14日に発表した論説「日本の自然エネルギーの未来」の抜粋を紹介する。自然エネルギーの最先端をはしるドイツで，自然エネルギーの導入のため活躍しているマーティノー氏が，日本のエネルギー政策をどのようにみているのか，傾聴に値する内容である［文献[56]より許可を得て転載］†。

『わたしの自然エネルギー分野とのかかわりは25年におよび，日本の生活もこれで5年になる。これまでの経験から言えることがひと

---

† なお，専門的な部分を省略した。関心のある読者は，巻末に示した原文を読まれることをお勧めする。

つある。自然エネルギー分野で日本が世界のリーダーになることは容易である，ということだ。ただ，リーダーになるには，自然エネルギーに対する発想とメンタリティーの転換がどうしても必要である。機能面，信頼性，日本経済サポート力のいずれの観点からみても，自然エネルギーは原子力に全く劣らない———このことを日本人は理解しなければならない。

　自然エネルギーは 1995 年当時，あるいは 2000 年当時と変わっていないと，いまだに多くの国で考えられているが，日本もその例外ではない。しかし自然エネルギーについて，「技術開発，コスト，市場，投資，経済的利益の現状」を考慮すれば，この発想は，古い考えと言わざるをえない。中国，デンマーク，ドイツ，インド，米国など，世界規模で自然エネルギーへの移行を先導している国々を見れば，現状はとうに明らかだ。また自然エネルギーの未来予測についても，保守的な見方は時代遅れである。

　今，自然エネルギーのトップ集団に加わらずに，なお手をこまねいていると，日本はさらに後塵を拝することになる。投資額は尺度のひとつだ。世界各国での自然エネルギーへの投資額は，2013 年には約 [2,500] 億ドルに達した。一方日本の投資額は約 [300] 億ドルで，米国・中国と比べてひどく見劣りする。

　日本ではこれまで 20 年間，多岐にわたる太陽光発電支援策が，国・地方レベルでうまくいった。政府による昨今の固定価格買い取り制度で，太陽光に加え，風力，バイオマスへの投資が加速している。自然エネルギーの収益性は，諸外国と同様に，日本でも明らかになりつつあり，(中略)』

と述べ，続けて

『日本が自然エネルギーでリーダーシップを発揮しようとする場合，依然として重大な障害になっているのが，過去半世紀ほとんど変わ

らぬ，時代錯誤的な体質の電力セクターだ。同セクターに本来の市場というものは存在しないか，さもなければ競争原理がはたらいておらず，監督体制も独立性の点で脆弱である。日本の電力会社は独占体制に守られており，これが今求められているイノベーションを阻んでいる。先進国（OECD加盟国）で，過去30年間電力セクターの構造改革を実施していないのは，実にメキシコと日本だけだ。（以下略）』

のように苦言を呈している。

5-4　欧米の自然エネルギー

自然エネルギーへの移行がけっして夢物語ではないことは，世界各地で急速に進んでいる自然エネルギー導入の取り組みをみればよくわかる。

日本政府が2014年4月に策定したエネルギー基本計画では，「2030年に約24％（原子力約10％を含む）」という目標値が示されているが，これは，自然エネルギーの先進国であるドイツ，スペイン，デンマークが掲げる水準よりはるかに低い。これらの国々では，日本の2030年の目標値「24％」は，現在すでに達成されている。

ドイツの自然エネルギー　　注目すべき点は，ついにドイツの発電量全体に占める自然エネルギーの割合が，2015年には33％に達したことである［文献 [60] 参照］。この自然エネルギーの拡大は，

5-4 欧米の自然エネルギー

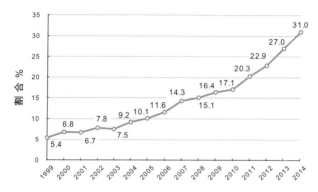

図 5-4 ドイツの自然エネルギー［文献 [23], p.13, 図 1-2 をもとに作成。］

原発と化石燃料によるエネルギー生産の縮小を意味する。†

図 5-4 は，1999 年から 2014 年までのドイツの自然エネルギー電力量の伸びを示す。15 年あまりの間に，5.4 ％から 31.0 ％へと着実に伸びていることがわかる。2014 年の日本の自然エネルギーの割合 4.4 ％は††，10 年前のドイツの自然エネルギーの割合 5.4 ％よりも低い。ドイツでは，2030 年の目標として 50 ％を掲げており，原発なしで石油エネルギーからの脱皮が進んでいる。

実は，ドイツの電力会社も 15 年前には，安定供給のために，自然エネルギーは 3 ％以上にはならないといっていた。それが 2015

---

† 「ドイツは，脱原発によって，石炭火力が増えている」といわれることがあるが，総括してみれば，原子力と化石燃料の減少分が，風力，太陽光，バイオマスで補われている。さらに，「ドイツが原子力から撤退してもやっていけるのは，フランスから原発の電力を買っているからだ」という風説があるが，実際には，ドイツは，2003 年から一貫して電力を輸出している［文献 [9]］。

†† 環境エネルギー政策研究所『自然エネルギー白書 2015 サマリー版』www.isep.or.jp/images/library/JSR2015summary.pdf を参照。

出典：Wikimedia Commons, https://commons.wikimedia.org/wiki/File:DanishWindTurbines.jpg This file is licensed under Creative Commons ShareAlike 1.0 (http://creativecommons.org/licenses/sa/1.0/) License.

図 5-5 デンマークの風力発電

年では，昔の想定の約 10 倍，すなわち 33 % まで伸びているのである。ドイツのエネルギー政策は，持続的な未来の実現に向けられている。

風力発電のデンマーク　次に，風力発電の国，デンマークに目を向けてみよう［文献 [32]］。デンマークの電力システムは，発電・送電・配電が完全分離しており，不特定多数の事業者で構成されている。デンマークにはいまは約 6000 機の風力発電機が存在し，2014 年度前半には，41 % の電力が風力で供給された。政府の方針は，2020 年までに，50 % を風力でまかなうとしているが，現状をみるともっと早く目標を達するものと予測される。

デンマークの風力発電の一番の特徴は，小規模分散化された発電設備と住民による所有比率の高さである。近年は，大規模洋上風力発電の建設により民間電力会社のシェアが大きくなっている

が，依然として 6000 機の風力発電機の 8 割近くを個人（主に農民）もしくは協同組合が所有している。まさしく，「エネルギーの地産地消」である。住民や労働組合などが出資し合い，風力発電機の株を持つことは多くのメリットがある。通常払わなければならない高い電気税や環境税が免除され，発電量が多ければ住民に還元される。何よりも環境保全に投資し貢献しているという思いは，住民にとって誇らしく嬉しいものであるにちがいない。

アメリカの自然エネルギー　　アメリカの自然エネルギーは，ドイツやデンマークなど欧州の先進国と比べると遅れをとっていた。しかし，2014 年前半のデータによれば，筆頭の風力発電と，それにつぐ太陽光発電が，急速に拡大している［文献 [7]］。特筆すべきことは，風力，バイオマス，太陽光などいわゆる「新エネルギー」が，アメリカの伝統的な自然エネルギー「水力」を全米レベルで初めて上回ったことである。新エネルギーの増加は今後も続くと思われるが，水力は，大規模な適地が残っていないことがあり，大きな拡大は期待できないだろう。

とくに風力発電が，4 年間（2010 年前半から 2014 年前半）で 47.653 GWh から 99.793 GWh へと倍増していることは注目に値する［文献 [7] 参照］。風力発電コストも，過去 4 年間に 43 ％ 減少しており，それが導入に拍車をかけている。風力発電は，システムが簡単で建設費も安く，世界の自然エネルギーの牽引車としての資格を備えているといえよう†。また，カリフォルニア州で

---

† ちなみに，日本の風力発電量は，わずかにアメリカの 4.2 ％ にしかなっていない。日本では，風力発電は音がうるさいとか適地がないなどといって，欠点を探すのに懸命で，風力に秘められたより大きな利点，「資源に費用がかからな（→）

は，2020年には，自然エネルギーの割合の目標を（大規模水力発電を含まず）33％に定めている。

＊　＊　＊　＊　＊

ここで，「自然エネルギー財団」の報告書［文献 [8]］を参考にしつつ，他の先進諸国についても，2014年上半期の自然エネルギーの状況にふれておこう。

スペインの風力発電が急速に伸びてきている。2014年の前半では，50％以上の電力が自然エネルギーによって供給され，風力は23％に達している。2011年前半の自然エネルギーの割合38％に比べると，3年間で10％以上伸びたことになる。

イタリアでは，2011年前半から自然エネルギーが16％伸びて，全体として40％の電力を供給した。このうち，水力発電以外は（バイオマスを含まないで）10％拡大している。

フランスは原子力エネルギーに多くを依存しているが，それでも自然エネルギーの利用は伸びている。2014年前半では，6％ほどの電力を供給した。これは，欧州の他の国々から比べれば少ないが，それでも日本の2倍ほどの水準にある。

日本のエネルギー自給率は約4.4％（2014年度）で，先進国のなかでも際立って少ない。また，石油に大きく依存しているため

（→）い，環境負荷が少ない」がもみ消されている。どんな方策でも，完璧ということはありえない。冷静に考えれば，風力発電の消音などは，日本の先端技術を駆使すれば，さほど困難とは思われない。逆に，そのような技術革新によって，世界の市場を開拓する可能性も期待できる。また，海洋国・日本をとりまく海を利用すれば，いくらでも場所はあるはずである。

に，温暖化対策にも見通しがたたず，先進国から取り残されようとしている。隣国中国は，2030年頃を二酸化炭素（CO_2）の排出量のピークと定め，一次エネルギー消費に占める非化石燃料の割合を20％に高めるとしている［文献 [38]］。

グローバル時代にあって，国際的な取り組みに逆行することは，いろいろな面で，これからの日本にマイナスの影響を与えるだろう。

以上のように，世界は自然エネルギーを進めることで，持続社会に向けて前進しているのである。

5-5 自然エネルギーと一般エンジン

再度一般エンジンを　　第2章では，燃焼のしくみを，一般エンジンを用いて考えた。化石燃料の燃焼，あるいは，原発による人工エネルギーの生産には，2段の一般エンジンを必要とした。

1段目の一般エンジンは，「資源を取り入れ，エネルギーを生成しつつ，廃棄物を放出する」というすべての活動体に共通したしくみを備えている。ここで，相対論から導かれる「質量とエネルギーの等価性」を用いると，質量転化率がきわめて小さいこと，すなわち，資源の質量のほとんどが廃棄されることが導かれた。2段目の一般エンジンでは，エネルギー生成について，その利用効率を算出した。

しかし，一般エンジンにみるように，エネルギー効率をいくら向上させようとしても，石油や原発によるエネルギー生産には，大量の汚染物質が廃棄されることに変わりはない。このようなや

> **＜コラム：原発の課題（困難）＞**
>
> 原発は，最新の安全装置の装備を必要とし，事故リスク対策費，廃炉などに，莫大な費用がかかる。燃料のウラン235も有限であり，かつ生産地の事情によって，価格の高騰もありうる。オイルショックと同じような困難に直面しないという保証はどこにもない。最大の困難は，高レベル放射性物質の埋め立地である。国土の狭い日本では，人里離れた場所をみつけるのが難しく，また仮に候補地があったとしても，周辺住民の合意が得られるとはとても思えない。まさしく原発は，「トイレなきマンション」なのだ。
> 自然エネルギーと原発は，相反する性格をもっており，したがって，自然エネルギーの導入が進めば，必然的に原発は削減されることになろう。欧州では，この傾向が進んでいる。

り方は非持続的であり，未来世代に大きな困難を残すことになる。未来世代を犠牲にして欲望をむさぼるという，現世代のわがままは許されない。

　一方，自然エネルギーの利用では，1段目の一般エンジンを必要としない。なぜなら，エネルギーを得るために，資源を投入しないからである。エネルギー資源は，太陽光・熱，風力，地熱，潮汐力という自然に備わるしくみを基礎としているが，それは，宇宙や地球のなりたちによって決められていて，人間が立ち入る余地はない。また，一般エンジンが2段目だけで事足りることは，1段目の一般エンジンから放出される大量の廃棄物の弊害に煩わされないという利点にもなっている。たとえば，自然エネルギーでは，温室効果ガスの排出は化石燃料に比べて格段に少ない。さら

に，有毒な焼却灰や放射性物質の放出もなく，石油文明につきまとう健康被害も問題にならない。

自然エネルギーの持続性　　先に述べたように，自然のエネルギー源は，天体や地球の性質に起因するので，数十億年以上は枯渇することがない。つまり，これらのエネルギー源は，半永久的に，人類にエネルギーを供給し続けるのである。

このように，自然エネルギーは，環境負荷がきわめて少なく，かつ持続的という原理的な長所を備えているが，さらに，設備の建設や維持においても，多くのすぐれた利点をもつ。

最後に，自然エネルギーを導入した場合の利点をまとめておこう：

＊エネルギー自給率の向上。
＊地域の活性化。
＊汚染物質の排出がない。
＊燃料の調達コストの削減。
＊設備のしくみが単純で修理が安価であるために稼働率が向上。
＊災害に直面しても，原発などの集中型施設に比べれば断然被害が少ない。

6 持続性と温暖化

6-1 持続性の本質：廃棄の意味

物理学の二大法則 　これまで，物理学の二大法則である「エネルギー保存の法則」と「エントロピー増大の法則」に基づいて，持続性の議論を進めてきた。2つの法則は，マクロ（巨視）の世界のもっとも基本的なしくみを記述するもので，私たちがこれまで見すごし，軽視してきた重要なしくみ「廃棄」に目を向けさせることになった。

　これまで度々述べてきたように，もともと自然界には，植物–動物–菌類による永続的な物質循環のリンクがあった。それは水の蒸発による『エントロピー廃棄』と，水の大循環による『エントロピー更新』という2つの基本的なしくみに支えられている。そして，産業革命以前の人間の活動は，この自然に備わったしくみを大きく乱すことはなかった。

　ところが，18世紀終わりに産業革命がはじまると，事態は大きく変わった。産業革命以来人間は，石炭や石油などの化石燃料の消費によって，工業化を進めつつ大量生産・大量消費・大量廃棄と

いう物質文明を築くことに成功した。だが人間は、工業化にともなって新しく現れたしくみ「廃棄」には、真剣に向き合ってこなかった。

たしかに、工業化の初期段階においては廃棄物の量も少なく、それが、土壌、大気、海水など、人間を取り巻く環境に及ぼす影響は、さして問題にならなかった。廃棄の影響を逃れる手っ取り早いやり方は、廃棄物の蓄積した場所を放棄し、次の新天地に移動しつつ産業の発展を図ることであった。それは、いわゆる、西部開拓時代のカウボーイ流のやりかたということができようか。だが、そのような気ままなやり方は、現代の工業社会には通用しない。それどころが、いまでは、自然のしくみを軽視する人間の勝手なふるまいが、自らの滅亡をもたらすことになりかねない、という危険信号が点滅するようになってきた。

物質文明の行きづまり　　いうまでもなく、大量の廃棄物の排出は、物質的富を追い求める現代文明のあり方に原因がある。化石燃料の燃焼に大きく依存する現代文明は、微量のエネルギーを生産するために、その約 100 億倍にものぼる質量の廃棄物を排出している。無制限に放出されている莫大な量の温室効果ガスや有害物質は、およそ 40 億年の時間をかけて育んできた地球の大気、大地、海という人類共通の財産を、猛烈な勢いで破壊しつつある。

物質文明の行きづまりを解決するためには、自然の基本法則（物理学の二大法則）をふまえつつ、人類共通の合意をつくる必要がある。そのような国際的な活動のひとつが「気候変動に関する政府間パネル (IPCC: Intergovernmental Panel of Climate Change)」

の取り組みである。2014年11月，IPCCは，地球温暖化の最近の科学的研究成果に基づき第5次報告書を発表した［文献［2］，［14］参照］。これまで科学者のあいだでも温暖化についていろいろな意見が交わされてきたが，世界の科学者の努力がかなって，結論がはっきりとした。物質文明の柱ともいうべき大量生産は，大量消費を前提としていて，必然的に大量廃棄をひきおこす。IPCCは，このような物質的な富を追い求める現代文明のあり方に，大きな反省を迫っている。

温暖化の危機は，時間がたつにつれジワジワとせまってくる。ボクシングでいえば，ボディブローのようにラウンドが進むにつれて，効き目が現れてくる。言葉を換えれば，人類が，「真に持続的な未来を望むのか」，それとも，「いまさえ良ければ，先のことなどどうでもよい」と思うのか，その返答を投げかけられているのである。温暖化問題は，人類が初めて遭遇する地球規模の試練なのである。

以下では，物理学の二大法則との関連を念頭におきながら，温暖化がもたらす気候変動の現状と，私たちが対応すべき課題をみていこう。

6-2　IPCCは警告する：気温変化の予測

温暖化の科学 　　IPCCは，1988年，「国連環境計画」と「世界気象機関」の共同によって設立された。その目的は，科学的，技術的，社会経済的な立場にたって，人為的な原因によってひきお

こされる気候変動について包括的な評価を行うことである。これは，国際的な専門家でつくる地球温暖化についての学術的な機関であり，数年ごとに発行する「評価報告書」は，世界中の数千人の専門家の科学的知見をまとめた報告書である。その他，特定のテーマについて特別報告書，技術報告書，方法論報告書などを発行している。

IPCC 自体が各国への政策提言等を行うことはないが，国際的な地球温暖化問題への対応策を科学的に裏づける組織として大きな影響力をもっている。この機関の役割は，地球温暖化についての最新の知見の評価，温暖化に対する対策とそれを実現するための政策，そして，そのような対策をとらなかった場合の被害についての科学的評価を提供することである[†]。

以下に示すように，IPCC は，3 つの作業部会とタスクフォース（機動部隊）からなる。

- 第 1 作業部会： 気候システム及び気候変化の自然科学的根拠の評価。
- 第 2 作業部会： 気候変化に対する社会経済及び自然システムの脆弱性，気候変化がもたらす好影響・悪影響，ならびに気候変化への適応についての評価。
- 第 3 作業部会： 温室効果ガスの排出削減など気候変化の緩和策についての評価。
- 温室効果ガス目録に関するタスクフォース： 温室効果ガスの国別排出目録作成手法の策定，普及および改定。

[†] 2007 年，IPCC は，アメリカ大統領ビル・クリントンの副大統領を務めたアル・ゴアとともに「ノーベル平和賞」を受賞している。

このような構成からもわかるように，IPCC は，まず，気候変化の原因を科学的に評価し，さらに，社会・自然に及ぼす影響や緩和策などにも言及する。

これまで，1990 年の第 1 次報告書にはじまって，ほぼ 5 年ごとに，5 回の報告書がつくられている。この報告書に正面から向き合って具体的な対策をとるかどうかで，その国の環境意識のレベルがわかる。ヨーロッパ諸国は，これまで文明の発生と崩壊をくりかえしつつ文明の持続性を求めてきただけあって，その環境政策には意識の高さがうかがわれる。

最新の温暖化の予測　　2014 年 11 月の IPCC 総会で第 5 次統合報告書が公表された。世界から集まった多数の科学者たちは，温暖化による地球規模の影響を科学的に裏づけ，その被害を予測した。この報告書の執筆には，世界の 800 人を超す研究者がかかわり，30,000 編という膨大な数の論文を基礎にしている。ここでは，IPCC の第 5 次評価報告書にしたがって，温暖化についての最新の研究成果をみてみよう。

まず，報告書は，次のような警告を発している［文献 [14], SPM 2 より引用］。

「温室効果ガスの継続的な排出は，更なる温暖化と気候システムの全ての要素に長期にわたる変化をもたらし，それにより，人々や生態系にとって深刻で広範囲にわたる不可逆的な影響を生じる可能性が高まる。気候変動を抑制する場合には，温室効果ガスの排出を大幅かつ持続的に削減する必要があり，

適応†と合わせて実施することによって、気候変動のリスクの抑制が可能となるだろう。」

と。ついで、温暖化防止の可能性について、

「工業化以前と比べて温暖化を 2℃ 未満に抑制する可能性が高い緩和経路は複数ある。」

と述べ、2℃ 未満に抑制するための対応を求めている [文献 [14], SPM 3.4 参照]。

ここで、これまでの温暖化ガスの排出の状況をみておこう [文献 [13] 参照]。18 世紀終わりに産業革命がはじまった後、機械文明が軌道にのると石炭の使用が急速に高まった。図 6-1 からわかるように、温室効果ガス（二酸化炭素）は、1830 年頃から増えはじめた。2100 年での温度変化は、有効な対策をとらないときは、2.6〜4.8℃ の範囲となるが、有効な対策をとれば、0.3〜1.7℃ の範囲に抑えることができる、と予測されている††。

| 二酸化炭素の排出抑制 |　　すでに各国は、2010 年、メキシコのカンクンで、穀物生産や海面上昇の許容可能な状態を考慮して、産業革命前のレベルからの気温上昇を 2℃ 以下に抑える目標で合意

---

† 引用者注：IPCC は、気候変動の原因が、化石資源の利用による温暖化ガスの排出にあることを主張している。一方、世界の国々は、政治、経済、習慣など、多くの点で異なる状況におかれている。温暖化ガスの排出を抑制するためには、これらの条件に適応しつつ方策をたてることが望ましい。

†† 二酸化炭素の増加原因には、太陽の輝度変化などの自然の変化によるものと、化石燃料の使用のように人為的な要因によるものとがある。IPCC のデータは両者をあわせて検討した結果である。

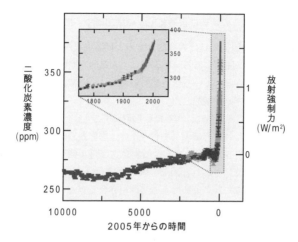

図 6-1 過去 10000 年および 1750 年以降（挿入図）の二酸化炭素の大気中濃度（ppm：parts per million の略。1 ppm = 100 万分の 1 = 0.0001 ％）［文献 [13], p.3, 図 SPM.1 より引用］

している（COP16「カンクン合意」）。IPCC は，産業革命（18〜19 世紀）後の気温上昇を，この国際目標 "2 ℃ 以下" に抑えるためには，二酸化炭素（CO_2）の総排出量を約 2 兆 9000 億トンにとどめる必要があると判断した。

ところで，IPCC の試算によると，人間は，すでに 1 兆 9000 億トンの二酸化炭素を排出しており，余地（2 兆 9000 億トンからの差）は 1 兆トンしかない。2011 年の世界の総排出量は，年間 350 億トンであり，このままの状態が続けば，30 年足らずで許容量の上限値に達してしまう。

そこで，温度上昇が 2 ℃ 以下の目標を達成するために，IPCC

> **＜コラム：ゴミの焼却による CO_2 の増加について＞**
>
> CO_2 の増減の原因には，人為的なものと自然現象によるものとの，性質の違った二種類がある。本書では，人為的な原因に注目し，今日世界的に進められている化石燃料の燃焼について，その持続性を物理法則に基づいて議論した。
>
> ここで，化石燃料以外に，大規模な燃焼に関して，「ゴミの焼却」もまた無視できないことにふれておきたい。家庭から出るゴミ（一般ゴミ）は年間約 5000 万トン，産業廃棄物は約 4 億トンである。これらのゴミが焼却されれば，その大部分は CO_2 として大気中に廃棄される。さらには，焼却によって廃出される有毒な焼却灰は，各地域の周辺にある最終処分場で埋められる。全国には，多くの最終処分場があって，周辺住民は焼却灰から発生する有害物質の被害を被っている。「ゴミがなくなって，町がきれいになった」と喜ぶ人がいるかもしれないが，その反面，大気と土壌の汚染は進んでいることに注意しなければならない。

は，2010 年に比べ，今世紀半ば（2050 年）の世界全体の温室効果ガスの排出量を 41〜72 % 削減，さらに，今世紀終わり（2100年）には，78〜118 % 削減することが必要であると指摘している［文献 [14]，表 SPM.1 参照］。大まかにいえば，今世紀半ばで排出量を半減，今世紀終わりには排出量をゼロにしなければならない，ということである。とくに，排出量を大きく左右する発電部門では，省エネルギーの促進と自然エネルギーの導入を進め，さらに将来的には，二酸化炭素を回収・貯蔵する技術を大規模に普及することが有効だとしている。

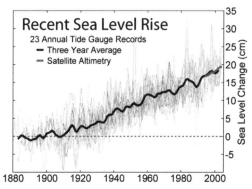

出典：Wikimedia Commons, Copyright: This figure was prepared from publicly available data by Robert A. Rohde and is incorporated into the Global Warming Art project. https://commons.wikimedia.org/wiki/File:Recent_Sea_Level_Rise.png This file is licensed under the Creative Commons Attribution-Share Alike 3.0 Unported license (https://creativecommons.org/licenses/by-sa/3.0/deed.en).

図 6-2　近年の海面上昇の変化（縦軸：海面の変化量。グラフ線は 3 年平均の値）

気温上昇による影響　　図 6-2 の『近年の海面上昇』にみるように，1880〜2000 年までに，海面はすでに 20 cm 上昇している。海面上昇による影響はとくに，ヴェネツィアなどの海抜が低い都市，オセアニアなどの小さな島国などで深刻な問題となっている。かりに海面が 1 m 上昇すると，マーシャル諸島は国土の 80 % が沈没すると予測されている。東京やオランダ，バングラデシュの一部などのように，海岸沿いに海抜以下の地域（いわゆる海抜ゼロメートル地帯）を有する諸国や都市にとっても重要課題となっている。とくにバングラデシュでは，1 m の海面上昇で国土の 18 % にあたる 2 万 6,000 km^2 に相当する低地が沈むことになる。

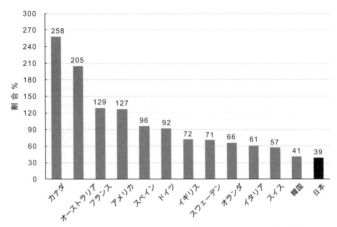

出典:農林水産省ホームページ 世界の食料自給率「諸外国・地域の食料自給率(カロリーベース)の推移(1961〜2013)(試算等)」をもとに作成。http://www.maff.go.jp/j/zyukyu/zikyu_ritu/013.html (注)1. 日本は年度。それ以外は暦年。2. 食料自給率(カロリーベース)は,総供給熱量に占める国産供給熱量の割合である。畜産物,加工食品については,輸入飼料,輸入原料を考慮している。

図 6-3 各国の食料自給率(カロリーベース,2011 年)

気温の上昇は,穀物の生産にも大きな影響を与える。IPCC の報告によれば,2℃ 以上の上昇で悪影響が現れ,4℃ 以上で,食料安全保障に大きなリスクが生じる。このような事態になれば,日本は甚大な被害を被るだろう。なぜなら,日本は世界最大の食糧輸入国であり,日本の食糧自給率はカロリーベースで 39%(2011 年度)と,先進国中,極端に低いからである。さらに,アジアでは高温による死亡率が非常に高まることが予想されている。

IPCC は

「適応は気候変動影響のリスクを低減できるが,特に気候変動の程度がより大きく,速度がより速い場合には,その有効

> 性には限界がある。より長期的な視点を持つことで，持続可能な開発の文脈においては，より多くの適応策を直ちに実行することが，将来の選択肢と備えを強化することにもなる可能性を高める。」

と警告し，迅速な対応を求めている［文献 [14], SPM 3.3 より引用］。日本の将来を心配するのは，著者だけではあるまい。

6-3 クラウジウスの先見性

エントロピー増大の法則　　2015 年は，クラウジウスが「エントロピー増大の法則」を発見してから 150 年目にあたる。これまで度々述べてきたように，この法則は「熱力学第二法則」ともよばれ，「エネルギー保存の法則（熱力学第一法則）」とともに，物理学のもっとも基本的な自然法則である。

当時ドイツは，ザール地方で産出する豊富な石炭を用いて蒸気機関を動かす，という産業革命に突入していた。手当り次第に石炭を掘り出して工業化をはかるドイツ社会のあり方に対して，クラウジウスは大きな危機意識をもっていた。1885 年 3 月 25 日，ドイツ皇帝ウイルヘルム 1 世の 88 回目の誕生日に，クラウジウスは，ボン大学の総長として『自然界のエネルギー貯蔵とそれを人類のために利用すること』と題して次のような主旨の講演を行った［文献 [17], p.151 より引用］。

> 「経済学的には，いかなる財も，その時期に再生産されうる分量を超えて消費することは許されないという一般的な法則が

出典：Wikimedia Commons, By user: Sadi Carnot at en. wikipedia [Public domain], http://commons.wikimedia.org/wiki/File%3AClausius.jpg

図 6-4　クラウジウス

ある。この法則によれば，われわれが消費できる燃料は森林の成長によって新たに生産される分量だけであるはずだった。しかし実際には，われわれは全く違うやり方をしてきた。」

こう述べてクラウジウスは，文明国の人間が，あたかも「幸運な相続人」であるかのように，石炭の大量使用によって，19世紀の科学技術を発展させていることに警鐘を鳴らしている。

「エントロピー増大の法則」の発見者，クラウジウスの面目躍如たるものを感じる。同時に，いまから130年も前に，物理学者が学問の世界に閉じこもることなく，文明のあり方に目を向けつつ持続性の本質を指摘した先見性には脱帽する。クラウジウスの講演は，石炭を石油に置き換えてみれば，そっくり現代にもあてはまる。いつでも，どこでもなりたつ科学理論の普遍性である。

温暖化のとらえ方　　本書ではこれまで，相対論を用いて燃焼のメカニズムを考えてきた。そこで新しくわかったことは，質量転

化率が約 100 億分の 4 という微少な値であり，資源のほとんどが温室効果ガスとして大気中に排出されていることである．これは物理学の基礎法則から導かれたものであり，疑問をはさむ余地はない．

「燃焼では，資源のほとんどが廃棄されている」という事実を知ったとき，だれしも，「資源の大部分を捨てるムダの多い文明が，長続きするはずがない」という直観的な判断が頭をよぎるにちがいない．そして，現在の燃焼文明は，やがて，資源枯渇，環境汚染，温暖化をひきおこすことを予感する人も多いであろう．

いまこうしている間にも，温暖化は休むことなく進んでいる．ある環境グループの会合でこのことを話したとき，次のような意見がでた．「温暖化が異常気象に影響していることは確かなようだが，そのことを実感できない．だから，自分として具体的な行動がとれない」と．たしかに，100 年オーダーで進む温暖化を日々の生活の中で実感することは難しい．

この感覚は，「ゴミ問題」のとらえかたによく似ている．ゴミは「だれでも，どこでも，いつでも」出すもの．その行為は生活習慣になっているために，ゴミがもつ非持続性の弊害が実感できない．たしかに，1 人が出すゴミはたいしたことはなくても，全国民が出すゴミが燃やされるのであるから，温暖化を進める原因の一つになっているのは当然ということになる．

私たちは，日常生活では，短い時間と小さな（身のまわりの）場所でおこることしか実感できない．他方，温暖化問題では，100 年先という長期的で，しかも地球規模という広域的な見通しが迫られているのである．このような長期的・広域的な展望を問題に

するときには，まず，現象の基本的な把握が重要になる。そして，このときこそ，物理学の二大法則が重要な役割を果たす。

科学の特徴は，一度，法則ができあがれば，その法則で未来が予測できることである。残念ながら，日本における科学の歴史は浅く，それだけに，物事を科学的な視点で把握する習慣が身についていない。温暖化が影響するさまざまな現象のように，10年から100年後のできごとを考えるために，将来を見通すことができる「科学の目」をぜひ身につけてほしい。

6-4 イースター島の教訓

共有地の悲劇　　アメリカの生物学者 ハーディン（G. Hardin, 1915–2003）は，1968年 Science 誌に掲載された論文で，『共有地の悲劇』という現象と，それをくい止めるための方策を提起した。これは，環境問題を議論する際によく引用されるが，示唆に富んだ内容を含んでいるので，現代文明の将来を考えるために，ここで紹介しよう［文献 [41] 参照］。

いまここに，誰もが自由に放牧してよい共有の牧草地があり，10人の放牧者がそれぞれ10頭の牛を放牧していたとしよう。市場経済では，経済的な利益を追求する自由があたえられているから，各放牧者は，最大の利益が得られるように牛の頭数を調整することになる。

ここで，放牧されている100頭の牛に，10人のうち1人が新たに一頭の牛を加えたとする。彼は，確実に一頭分の利益（10 %）の増加を得ることができるが，他方，牧草地に対する（草が減ると

いう）負担は，100頭の牛がもたらす負担（1％）に比べれば無視できるほどのものである。そこで彼（および他の放牧者）は，「もう一頭加えれば有利になる」と判断する。こうして，すべての放牧者は，利益を期待しながら際限なく牛を増やしてゆく。

このような行為は，牛全体の頭数が少ないうちは問題ないが，ある限界を超えると牧草の消費が回復を上回る。そうなると牧草地は荒廃し，放牧者全員がすべての牛を失うという大きな悲劇に見舞われることになる。

人間には，利己心があり，自分の利益を優先させるために，上記のような「共有地の悲劇」をひきおこす。それを抑制するためには，「資源の管理を必要とする」とハーディンは主張した。

|イースター島|　　「共有地の悲劇」は架空の話ではない。

チリ海岸の西方，3800キロメートルの南太平洋上に，イースター島とよばれる孤島がある。面積は，佐渡島の約5分の1程度であるが，約1000体ほどの巨石像モアイがあり，世界遺産に指定されている。現在この島の大部分は，木もほとんど生えない荒漠たる草原である。しかし，この島にポリネシア人が移住していた5世紀頃，島は豊かな森に覆われていて，島民は，森の木で大きな船を造りクジラを捕ったりして生活していた。その後，人口は増え続け，1600年頃には，生態系を維持できる人口を超えてしまった（7,000～10,000人と推定される）。そうなると，暖房用の薪，家屋や船の建設に多くの木材が必要になり，森は急速に減少していった。また，深刻な食糧難に見舞われ，食料の争奪をめぐって部族抗争が頻発するようになった。

出典：Wikimedia Commons, By Aurbina (Own work) [Public domain], http://commons.wikimedia.org/wiki/File%3AMoai_Rano_raraku.jpg

図 6-5 イースター島，ラノ・ララクのモアイ像

イースター島民にとって悲劇であったのは，島がもはやすべての島民を養うことができないと気がついたとき，島には利用できる木が枯渇していたことである。それはまさしく「共有地の悲劇」そのものであった。

イースター文明の消滅から得られる教訓は，略奪的資源利用の結果の末路を如実に示した点にある。

森と文明　文明が発祥した地域で，現在も高い文明を維持しているところはなく，いずれも資源を食いつぶした結果，他の地域への移動を余儀なくされている。

エジプト文明を象徴するピラミッドは，エジプト文明の興亡のすべてを語っている。つまり，ピラミッドを造営するには膨大な

労働力を必要とし，それに見合った食糧を増産しなければならない。また，巨石を切り出し，運搬するには多くの巨大な木材を必要とし，さらに，増大した人口を養うに必要なエネルギー源としての木材の需要も急増したと思われる。その結果，エジプトは森林資源の枯渇を招き，文明は衰退した。

エジプト文明の伝播先であったギリシアおよびその周辺には地中海文明が発祥したが，それは常緑硬葉樹林帯の，高度に発達した文明であった。しかし，長い年月を経てこの地域でもエネルギー源となる森林はほとんど消失してしまった。その結果，欧州文明の中心はアルプス以北の落葉広葉樹林帯に移行し，西欧文明が栄えたのである。欧州での文明の興亡でも，イースター島と類似の現象がみられる。ただ，そこは，イースター島のように閉じた空間ではなく，外に膨大な資源をもつ伝播先があったために，文明が発展し続けたのである。

今日，地球の総人口は70億人を越え，石油，天然ガスなどのエネルギー需要も増加する一方である。他方，現在では，食料を増産するために，年々，膨大な面積の森林が消失し，田畠に変えられ，また都市化が進んでいる。しかし，これからは，このような荒廃した土地を捨て，新たな土地を求めることはできない。新しい文明を更新できる土地はどこにも残ってはいないのだ。

>[有限の地球] かつてはとてつもなく巨大と思われていた地球も，文明が高度に進歩した今日では小さく感じられるようになった。右肩上がりの化石燃料の消費，そして森林などの生物圏の大規模な破壊の連鎖は，二酸化炭素濃度の急増をもたらし，全地球規模の

環境にも影響を与えるようになってきた。森林は，二酸化炭素を吸収し水源を涵養する環境的価値をもち，人類にとってかけがえのない存在になっている。イースター島の悲劇は，いまなお，地球規模でおこりうるのである。

他方，人類はいま，かつてないほどの科学の知見を手に入れている。そして，この知見を利用すれば，より確実に，地球規模の未来像を描くことができるようになってきた。先に述べた IPCC による温暖化の予測は，まさしく，現代科学がもつ未来予測の能力を結集した成果にほかならない。

6-5 水素エネルギーは持続的か

温暖化対策のひとつとして近年注目されているのが「水素エネルギー」である。

では，最近の日本での取り組みについて，本書の観点からみてみよう。2015年1月15日，安倍晋三首相が，首相官邸の前庭で水素自動車のハンドルを握り「水素時代の幕開け」を宣言した。自動車メーカーでも，一般向け燃料電池車の販売が好調のようである。そこで，「燃料電池は持続的か？」と問いかけてみよう。

水の電気分解　　まず初めに，水素時代の主役，燃料電池のしくみをみてみることにしよう。

中学校で水の電気分解を習う。水は，水素原子2つ（H_2）と酸素原子1つ（O）が結合したもので，H_2O と表すことができる。水の電気分解では，電解質（水酸化ナトリウム NaOH）の中に

6-5 水素エネルギーは持続的か

出典：Wikimedia Commons, By Nobel Foundation [Public domain], http://commons.wikimedia.org/wiki/File%3AOtto_Hahn_(Nobel).jpg

図 6-6　オットー・ハーン

＜コラム：安心・安全の技術＞

温暖化にかかわる問題のなかには，いろいろな原因が重なり合っていて，単純に結論がでないものもある。環境問題には，このようにプラスともマイナスともとれるようなぼんやりしたものが多くある。先端的な課題であるほどその傾向が強い。

物理学の原理を実用化するとき，結論は安全サイドにとることが原則である。先端技術の開発には，成功と同時に失敗も同居していることが多くある。研究室内では失敗を恐れず先端的な研究を進めることが推奨されるが，市民生活においてはそのような冒険的な取り組みではなく，安心・安全の確立した技術を利用すべきである。この好例が，原子力発電である。ドイツの物理学者，オットー・ハーン (O. Hahn, 1879–1968) は，原子核分裂の発見で 1944 年にノーベル化学賞を受賞した。この実験室レベルの発見が，いまでは原子炉に利用されている。そして，チェルノブイリや福島での大惨事を起こした。先端技術の実用化には，安全性や社会の合意が必要になる。

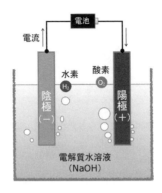

図 6-7　水の電気分解のしくみ

2つの電極をおき，そこに電池をつないで，外から電気エネルギーを与える。すると，水分子は H_2（水素分子）と O_2（酸素分子）に分かれる。これを化学式で表すと，次のようになる。

$$H_2O \quad \underset{\underset{\text{電気エネルギー}}{\uparrow}}{\longrightarrow} \quad H_2 + \frac{1}{2}O_2$$

この反応は，電池が与える電気エネルギー（電流）によって進む（図 6-7）。

電気エネルギーを取り出す　　燃料電池は，上で述べた水の電気分解とはまったく正反対の化学反応である。すなわち，上の化学式の2つの矢印を反対にして，水素分子（H_2）と酸素分子（O_2）から水分子（H_2O）を作りつつ，電気エネルギーを取り出すのである。すなわち，

6-5 水素エネルギーは持続的か

$$H_2 + \frac{1}{2}O_2 \longrightarrow H_2O$$
$$\downarrow$$
$$電気エネルギー$$

となる。

一般エンジンで考えると，つぎのように，水素エネルギーの発生と化石燃料の燃焼との違いが明らかになる。

1) 資源： 水素と酸素を電気化学反応させるが，酸素は大気中にいくらでもある。
2) 廃棄物： 放出されるのは，水（水蒸気）であり，化石燃料の燃焼のように二酸化炭素や有害物質（窒素や硫黄の酸化物）の発生はなく，そのかぎりでは環境にやさしい。
3) 発電効率： 熱機関を用いる通常の発電システムと異なり，熱エネルギーや運動エネルギーという形態を経ないため，従来の方式に比べて発電効率が高い。
4) 用途： システム規模の大小に影響されず，騒音や振動も少ない。そのため，ノートパソコン，携帯電話などから，自動車，鉄道などまで，多くの用途・規模をカバーできる。

こうみてくるといいことずくめのようだが，「水素燃料をどのように作るか」という重大な問題が一つある。水素は天然には産出しないので，それを生産するためには，以下に示すような方法がある。

1) 電力を使って水を電気分解する。
2) 化石燃料（炭素と水素の化合物）を分解する。
3) 高温ガス炉で水を分解する。

実は，これらの方法では，水素の製造のために電気エネルギーや熱エネルギーを使う必要がある．それには，石油などの化石燃料を使い，二酸化炭素（CO_2）を排出することになる．このようなやり方は，温暖化をくい止めることができないので，非持続的な方策といわざるをえない．

つまり，水素燃料が持続社会の形成に貢献する道は，太陽光などの自然エネルギーを使って水素を生産する場合に限られる，ということになる．環境省は，2015年度に26億円をかけ，自然エネルギーから水素を製造し燃料電池による自動車を走らせた場合，二酸化炭素がどこまで削減できるか検証するという［文献 [37] 参照］．

6-6 水素エネルギー社会へ

アイスランドの試み　　すでに述べたように，世界各国では，二酸化炭素（CO_2）を削減するために，化石エネルギーから自然エネルギーへの移行が進んでいる．ところで，太陽光，風力などの自然エネルギーは持続的なエネルギー源ではあるが，発電装置の規模が大きく，自動車，船舶などの移動体には利用できない．

他方，現代社会では，これら移動体全体のエネルギー消費量は大きく，その結果，これまでのような化石燃料を用いたのでは温室効果ガスを増大させてしまう．温室効果ガスを排出しない移動体を実現するためには，移動体を自然エネルギーで駆動すればよい．そこで注目されているのが「水素の貯蔵」である．タンクに貯蔵した水素と空気中の酸素とを反応させて，電気をおこすので

6-6 水素エネルギー社会へ

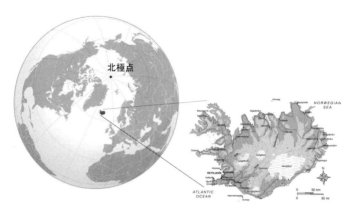

出典：（左）Wikimedia Commons, By Ninrouter (Own work) [This file is licensed under the Creative Commons Attribution-Share Alike 3.0 Unported (http://creativecommons.org/licenses/by-sa/3.0) license. CC BY-SA 3.0], https://commons.wikimedia.org/wiki/File%3AIceland_(orthographic_projection).svg （右）Wikimedia Commons, By Max Naylor [Public domain], https://commons.wikimedia.org/wiki/File%3AMap_of_Iceland.svg を一部改変。

図 6-8 アイスランド

＜コラム：アイスランド＞

アイスランドは私たちにとって，なじみの薄い国である。緯度は北緯約65度で，北海道より，20度ほど北に位置する。国土面積は日本の約1/3で，その中でも，氷河地帯，溶岩地帯に代表される荒地が約23％を占める。全人口約30万人のうち，10万人ほどが首都レイキャビクに住んでいる。OECDのデータによれば，国内総生産（GDP）は日本の約0.2％に過ぎないが，人口一人当たりでは，OECD・29ヶ国中 第5位の富裕国で，日本の8位を上回る。

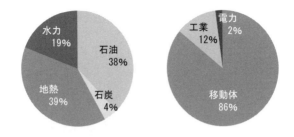

図 6-9 一次エネルギーの割合（左）／化石燃料の用途別の割合（右）［文献 [61] より引用］

ある。このような先進的な取り組みは，北大西洋の小国アイスランドで世界に先駆けて試みられた［文献 [27] 参照］。

アイスランドでは，第二次世界大戦の後，自然エネルギーの開発を積極的に進めてきた。1940 年から 1998 年までに，エネルギー総消費量は 15 倍近くまで高くなっている。世界大戦の開戦時に，わずかに 9 % であった自然エネルギーの割合は，1998 年には約 60 % まで伸びている。1998 年の一次エネルギー源の割合を図 6-9（左）に示す。

アイスランドにおける化石燃料の消費は，移動体（自動車と船舶）が 86 % を占める（図 6-9（右））。このことは，温室効果ガスを削減するためには，まず，移動体のエネルギー資源を化石燃料から水素燃料に転換すべきことを示している。1998 年までは，水素の生成には化石資源が利用されていたが，その後は自然エネルギーである水力・地熱エネルギーで得た電力による水の分解が主である［文献 [27] 参照］。首都レイキャビクでは，水素燃料を搭載したバスが走行し，デモンストレーションを行った。この後，水

素を燃料とする乗用車および，漁船への段階的な転換がなされている。

アイスランドにおけるプロジェクトのゴールは、「化石燃料に依存しない，100％自前の自然エネルギーを利用した世界初の国家」を創成することである。それはまた，温室効果ガス CO_2 を排出しない「持続国家の建設」でもある。

生ゴミから水素エネルギーを　　生ゴミなど（有機性廃棄物）と嫌気性微生物による持続可能なエネルギー生産システムの研究がこれまでもされてきた。しかし，化石燃料と比較するとコストが高いため実用化が遅れてきたが，最近になり研究が進み実用化の段階に入ってきた。

一例をあげよう。諏訪東京理科大学の奈良松範のグループは，生ゴミからの水素の生産効率とメタンの生産効率を高めることに挑戦し，成果をあげている。そのシステムの概要は図6-10をご覧いただきたい。光合成細菌を中心とした微生物を用いて，太陽光を利用する点に特徴がある。反応に必要な波長をもつ太陽光を選択的に増幅して生産効率を高めている。

生ゴミからエネルギー源である水素ガスとメタンを生産したあとの残渣は，発酵肥料になる。こうして，生ゴミなどがすべて有効にリサイクルされる。なんとも未来型のすばらしい技術である。映画「バック・トゥ・ザ・フューチャー」にある，ゴミが車の燃料になる時代はもうすぐ近くに来ているのかもしれない。

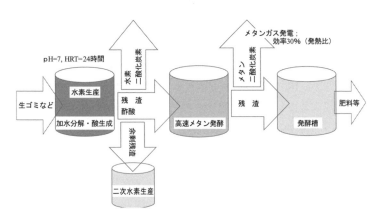

図 6-10　生ゴミからの水素ガス生成法

6-7　「無駄社会」から「もったいない社会」へ

ライフスタイルの見直し　　これまで，物理学の法則（特殊相対性理論，熱力学第一，第二法則）を基礎として，石油文明が持続的ではありえないことを示してきた。人類が今日の「無駄の多い社会」から，新しい持続社会である「もったいない社会」を実現しなければ，地球全体は第二のイースター島になりかねない。

6-3節で述べたように，IPCCはこのことを，温度上昇，海面上昇，食糧難，疫病の発生などの具体例で示し，今世紀の終わりには，温室効果ガスの排出量をゼロにすることを提案している。これは，いまの無駄の多いライフスタイルの見直しなしでは実現できない。IPCCは「行動様式，生活様式及び文化がエネルギー消費とそれに関連する排出にかなりの影響を及ぼしており」と述べ，

<用語解説>

　有機性廃棄物　　人間社会からでる廃棄物の分類の一つで，有機性のものをさす。生ゴミ，木くず，人糞尿，下水の脱水汚泥，海産物の廃棄物などをいう。一方，金属やガラスなどは無機性の廃棄物である。

　嫌気性微生物　　微生物には，好気性，嫌気性の微生物がいる。つまり，空気が好きかどうかということである。味噌・醤油・納豆・ヨーグルトなどではたらく微生物は嫌気性，水の中ではたらくのも嫌気性である。一方，好気性の微生物は有機物の分解速度が速く，山の中で動物の死骸や倒木などを分解する。また，酸化現象（腐敗）のスピードも速い。

　発酵とは，嫌気性菌が嫌気状態で有機物を分解することをいう。有用発酵と有害発酵（腐敗）があり，人間にとって好都合な発酵が有用発酵（味噌，醤油，納豆，ヨーグルトなど）で，不都合な発酵が有害発酵（腐敗で物を食べると病気になったりする）である。

　光合成細菌　　菌類の種類の一つ。名前のとおり光合成をする。光をエネルギーにして，二酸化炭素を使いデンプンなど有機物と酸素を作る。生態系ピラミッド上では植物が生産者として登場するが，植物はこの光合成の機能を使って成長する。その意味では，分解者として生態系ピラミッドに登場する微生物の中では変わり者である。しかし，この変わり者がすばらしい力をもっている。野菜栽培では糖度を上げたり，水質浄化では硫化水素の分解をする。ただし，この微生物単体では力が発揮できず，他の菌類との協調によって効果を発揮する。

　残渣　　残りもの，余りもののことで，ゴミの一歩手前のものをいう。下水処理のときにでる汚泥，エンジンが動くときの煤などもそうである。最新の実験における使用法では，生ゴミを微生物で分化し，水素ガスとメタンガスを発生させて残ったものという意味である。この残渣にはまだ栄養分が含まれているので，肥料になる。

> 「排出は，消費様式の変化，省エネルギー措置の採用，食生活の変化と食品廃棄物の減少を通して，十分に低下させることができる。」

といっている [文献 [14], SPM 4.3 参照]。

化石資源は非持続的　　これまで述べてきたように，化石燃料の燃焼は，超微少な質量転化率のゆえに非持続的である。石油を直接燃やして火力発電を進めるにしろ，石油を使って水素を作り出すにしろ，温室効果ガスの発生をともなうことになり，産業革命以前からの温度上昇を，今世紀中に 2℃ 以下におさえるという国際合意を達成できない。

5-2 節で述べたように，ロンドン大学の McGlade らの研究チームは，「化石燃料は温存すべきである」ことを主張している。脱化石資源は，いまや，緊急に実現すべき国際的な課題になっているのである。

もったいないと 3R　　「MOTTAINAI」という言葉では，忘れられない体験がある。ワンガリー・マータイ (W.M. Maethai, 1940–2011) といえば，ケニア出身の女性環境保護活動家・政治家として知られている。ナイロビ大学では初の女性教授に就任し，2003 年から，ケニアで天然資源省副大臣を務めた。2004 年 12 月 10 日，「持続可能な開発，民主主義と平和への貢献」により，アフリカ人女性として史上初のノーベル平和賞を受賞している。2005 年 2 月には，京都議定書の関連行事に出席するため来日した。彼女は，環境活動「グリーンベルト運動 (3000 万本の植樹運動)」を

展開したことでも知られている。

 2006年2月13日，早稲田大学で，彼女による「環境と平和」と題する記念講演が行われた。講演の中で，日本語の「もったいない」が，以下で示す「3Rの理念」を包括的に意味する言葉であることを指摘し，「もったいないキャンペーン」を展開していることを述べた。また，国連地位委員会では，出席者全員と「MOTTAINAI（もったいない）」を唱和したこともある，という。

 日本では，2000年（平成12年）に「循環型社会形成推進基本法」において3Rの考え方が導入された。3Rとは，

 (1) リデュース（reduce, 削減：ゴミを減らす）
 (2) リユース（reuse, 再使用：繰り返し使う）
 (3) リサイクル（recycle, 再利用：ゴミを再資源化する）

を意味する。以来，3Rの理念を広く市民や企業に浸透させるべく，政府機関や市民団体がさまざまなキャンペーンを行っている。2004年6月の主要国首脳会議（G8サミット）において，当時の内閣総理大臣・小泉純一郎は3Rを通じて循環型社会の構築をめざす「3Rイニシアティブ」を提案した。そういえば，そのころ，小泉首相も，テレビでさかんに「もったいない」を使っていた。

 古くから日本人が育んできた「もったいない」の意義が，外国人によって見直され，持続性のキーワードとしてよみがえった。同時に，戦後「もったいない精神」をすっかり忘れてしまった日本人として，反省の念にかられた。「日本の皆さん，がんばって」というマータイの熱い思いが会場にみなぎっていた。

> 「もったいない社会」の実現　　これまでの議論から,「もったいない」が, 持続性の意義を包括的に表している概念であることがわかる。ここで, 現代の物質文明から「もったいない文明」への移行について, 物理学の視点から, 以下の三点を強調しておきたい。

1. 燃焼からの脱却を　　現代の化石資源に依存した文明は,「微少なエネルギー生産と莫大な廃棄物の排出」という特徴をもつ。化石文明の非持続性は, 微少な質量転化率に原因がある。一般エンジンのしくみ（図 1-2）からもわかるように, 化石資源の大部分は, まったく使い道のない排気ガスとして放出されている。これがいま, 世界的に問題になっている温室効果ガス発生の増加による異常気象をひきおこしているのである。IPCC は第 5 次報告書で, 今世紀末には温室効果ガスの排出をゼロにすることを求めたが, これは, 化石資源を利用する現代文明の変革を意味する。

持続文明に移行するためには, 早急に, 持続的エネルギー, すなわち自然エネルギーの導入が望まれるが, 多くの先進国は, すでに大胆な政策を打ち出している。

日本の国土は, 火山帯の真上に位置していて, 多くの活火山がある[†]。これらの火山には, 莫大な熱エネルギーが秘められている。日本には多くの河川があり, 四方を海に囲まれている。また, 台風の通り道なので降雨量も多い。これらの水のエネルギーは, 環境に留意しつつ, 適切な方法で利用したい。巨大なダムではなく, 小水力発電も実用化されつつある。このような日本の国土の特徴

---

† 2009 年（平成 21 年）6 月火山噴火予知連絡会は, 今後 100 年程度の中長期的な噴火の可能性に対する, 監視・観測体制の充実の必要がある火山として 47 火山を選定している。

を考えると，太陽光，風力，地熱，水力・水流，潮汐，海流など，利用できる持続的なエネルギー源は多種多様である。日本はこれまで太陽光発電に力を入れてきたが，建設費の安い風力発電にも力を入れるべきである。日本に備わった多種多様な自然のエネルギー源を利用しないのは，それこそ「もったいない精神」を踏みにじるものではないだろうか。

2. エントロピー更新の立役者「水」を大切に 3-2節でも示したように，物質や熱の拡散の度合いを表すエントロピーはかならず増大する。あらゆる生命体は，この法則にしたがって，増大したエントロピーを宇宙に捨て，小さなエントロピーを生成することによって成長する。エントロピーの更新こそが生命の持続性を保証しており，その重要な役割を担っているのが「水」である。生命体から蒸発した水は，増大したエントロピーを宇宙空間に捨て，その後，エントロピーの小さな雨や雪になって地球にもどってくる。どこにでもある水こそが，どこにでもあるがゆえに，地球上に生命を繁栄させた。エントロピーを捨てることのできる地球は，「宇宙に開かれた星」ということができるだろう。

ところで，このようなエントロピー廃棄のしくみを維持するために，水は生命体に吸収され，生命体内でさまざまな役目を果たしつつ，最終的には蒸発して上空に向かう。このことは，生命の持続性を維持する大前提として，地上に大量の"清浄な水"が存在すべきことを要求する。だが今日，人間は，清浄な水には目を向けず，水を汚染する多くの原因を作り出している。

「エントロピー増大の法則」は，持続ある地球を維持するために，『水を大切にすべし』と忠告している。

3. かけがえのない星,地球　　150億年という宇宙史のなかで,約50億年前に形成された太陽は,約10万光年の直径をもつわが銀河系のなかの2000億個ほどの恒星の一つである。そして,太陽のまわりには8個の惑星が回っているが,地球は太陽から3番目の惑星に相当する。誕生直後の地球は,衝突によるエネルギーで暖められ,灼熱の溶岩が一面に広がるマグマの海であった。この火の海から生命が誕生するためには,地球の「大きさ,重力,太陽からの距離」などの天文学的な条件がみたされ,かつ,「水の存在,大気の組成,動物–植物–菌類の協調による物質循環」という,地球に固有のしくみがつくられた。それら多くの条件が,生命の誕生に向けて協調的に作用したというのは,奇跡とよぶにふさわしい出来事である。そして,その奇跡の結果として,私たち人間がここにいる。

このような奇跡の道筋を振り返ってみると,人間は自然の主人公などといって傲慢に振る舞ってはいられないように思う。むしろ,奇跡をもたらした自然のしくみに真摯に目を向け,そこから学びつつ未来を創造する必要があるのではないだろうか。

おわりに

　社会人を対象にした講演会の後で，聴講生の皆さんと雑談をすることがよくある。私が「物理学を市民の手に」をモットーにしている以上，雑談から読みとれる意見は貴重で，時として，自分の専門バカにハッと気づかされることがある。そのなかで，「物理学が日常生活とは無縁で高尚な学問」という評価を耳にする。物理学は，自然現象の基本的なしくみを明らかにする学問であるから，たしかに日常生活には直結しないことも多くある。

　人間は社会の一員であり，社会は自然によって支えられている。このことは，人間生活の根底にある自然本来の営みが壊されれば，人間社会も疲弊し，ひいては人間そのものが消滅の運命に追いやられることを意味する。そこで，本書では，すべての基礎となっている「自然」に物理学の光をあて，その基本的なしくみを明るみにだそうと試みた。

　自然のもっとも基本的なしくみは，本書で取り上げた2つの法則,『熱力学第一法則（エネルギー保存の法則）』と『熱力学第二法則（エントロピー増大の法則）』によって過不足なく記述できる。なぜなら，物理学の視点は，自然界を「変化するもの」と「変化しないもの」の2つに分けたのであり，その中間はありえないからである。

本書ではさらに,「物質の質量とその物質を処理して得られるエネルギーがたがいに関係する」という相対論の法則が重要な役割をはたす。人間の生活や社会は,エネルギー抜きでは理解できないし,それを質量に焼き直すことによって,持続性の核心に迫ることができるからである。

このような物理学の役割は,今日では,もっと重視されなければならない,と筆者は考える。家の土台に欠陥があれば安心して生活を続けられないように,自然界の基本的なしくみにしっかりと目を向けなければ,社会も人間生活も長続きするものにはなりえない。この物理学の視点は,以下に示すように2つの特徴をそなえている。

・時間的な知見:長期的な展望をあたえる。
・距離的な知見:地球規模の課題がみえてくる。

つまり,現世代の人々が後続の世代の状況までを視野に入れ,さらに,広く地球を見渡す必要性を要求されているのである。

本書では,物理法則を基礎にして,持続性を支配するしくみを解明しようとした。相対論を用いることによって,驚くべき事実が明らかになった。燃焼において資源(化石燃料)がエネルギーに転化する割合は,約100億分の4という微少な値にしかならないのである。今日70億人を超える世界の人々は,この微少なエネルギーにすがって生きている!

さらに,注目すべきことは,投入した100億単位の質量のうち,残りの質量,99億9999万9996単位は,人間社会をすり抜けて,大気中に廃棄されてしまうのである。これは,無駄社会そのものであり,同時に,温暖化や大気汚染をひきおこす原因になっている。

おわりに

このことは，今日の物質社会に潜む困難の大きな原因が化石燃料の燃焼にあること，したがって，化石燃料からの脱却が急務であることを疑う余地なく示している。

人間が，ひとたび自然界の基本ルールを踏みはずせば，その修復のためには，より大規模な技術を開発しなければならなくなる。そして，このことは，さらに新たな資源を要求する。こうして，自然破壊と大規模技術の悪循環が進み，気がついてみれば，私たちは，持続性とは相容れない世界に踏み込んでいる。

今日，先進諸国は，物質的な富や生活の利便性を優先させ，大量生産・大量消費・大量廃棄の生活を追い求めている。それは，一部の人々の富を拡大しその国のGDPを大きくするかもしれないが，他方では，自然破壊を進め，その結果，人類の未来を危うくしている。1998年ノーベル経済学賞を受賞したインドの経済学者，アマルティア・センは，このような人々を「合理的な愚か者」と批判している。

持続性への第一歩は，人間が，自然の法則を理解し，それを重視して生きることからはじまる。物理学は，人間が自然の支配者ではなく，自然の友人であること，そして菌類の重要なはたらきに目を向けるべきことを語りかけている。ここで，もう一度物理学の基本法則に目を向け，無駄社会から自然と共生する社会を構築しようではないか。

最後に，本書の出版に際しては，拙著『もったいない社会をつくろう』(本の泉社)で遠藤まり子氏に作成していただいたイラストから3点を使わせていただいた。この場を借りて厚くお礼申し上げたい。

著者識す

引用・参照文献

(ホームページ等のアドレスについては 2016 年 3 月確認)

[1] IEA: ENERGY BALANCES OF OECD COUNTRIES (2012 Edition); ENERGY BALANCES OF NON-OECD COUNTRIES (2012 Edition)

[2] IPCC 報告書 http://www.ipcc.ch

[3] アルベルト・アインシュタイン著／中村誠太郎, 南部陽一郎, 市井三郎訳『晩年に想う』講談社文庫 (講談社, 1971) [1950 年刊の "Out of My Later Years" の翻訳]

[4] 安斎育郎『原発・そこが知りたい』(かもがわ出版, 2011)

[5] 内山龍雄『相対性理論』岩波全書 (岩波書店, 1997)

[6] 大谷正康『鉄冶金熱力学』(日刊工業新聞社, 1971)

[7] 大野輝之, ロマン・ジスラー『2014 年最新データで見る米国自然エネルギー事情』連載コラム 自然エネルギー・アップデート, 自然エネルギー財団 (2014 年 10 月 30 日) http://www.renewable-ei.org/column/column_20141030.php

[8] 大野輝之, ロマン・ジスラー『2014 年最新データで見る欧州自然エネルギー事情』連載コラム 自然エネルギー・アップデート, 自然エネルギー財団 (2014 年 11 月 6 日) http://www.renewable-ei.org/column/column_20141106.php

[9] 大野輝之, ロマン・ジスラー『原発を停止してもドイツはフランスへの電力純輸出国』連載コラム 自然エネルギー・アップデート, 自然エネルギー財団 (2014 年 11 月 20 日) http://www.renewable-ei.org/column/column_20141120.php

引用・参照文献

[10] 勝木 渥『環境の基礎理論』(海鳴社, 1999)

[11] 加藤尚武編『環境と倫理』有斐閣アルマ (有斐閣, 1998)

[12] 気候ネットワーク「COP16/CMP6 (カンクン会議) の結果について」http://www.kikonet.org/theme/archive/kokusai/COP16/COP16_CMP6result.pdf (2010 年 12 月)

[13] 気候変動に関する政府間パネル 第 4 次評価報告書第 1 作業部会の報告 "政策決定者向け要約" https://www.ipcc.ch/pdf/reports-nonUN-translations/japanese/ar4_wg1_spm_jp.pdf

[14] 気候変動に関する政府間パネル 第 5 次評価報告書統合報告書 "政策決定者向け要約"「気候変動 2014」http://www.env.go.jp/earth/ipcc/5th/pdf/ar5_syr_spmj.pdf

[15] 楠川絢一, 山口重雄, 井上正晴『物理学 上・下』(実教出版, 1985)

[16] E. Cook: "The Flow of Energy in an Industrial Society", Scientific American, Vol.225, No.3, pp.135-144, 1971

[17] 工藤秀明「エントロピーとエコロジーの経済学」／佐和隆光, 植田和弘編『岩波講座 環境経済・政策学〈第 1 巻〉環境の経済理論』(岩波書店, 2002), p.151

[18] 栗屋かよ子「破局——人類は生き残れるか」(海鳴社, 2007)

[19] P. Connett: "THE ZERO WASTE SOLUTION: Untrashing the Planet One Community at a Time", Chelsea Green Pub. Co., 2013

[20] 佐藤磐根『生命の歴史』NHK ブックス (NHK 出版, 1994)

[21] 澤瀉久敬『哲学と科学』(日本放送出版協会, 1967)

[22] 自然エネルギー財団『ディスカッション・ペーパー 固定価格買取制度 2 年の成果と自然エネルギー政策の課題』(2014 年 8 月) http://www.renewable-ei.org/images/pdf/20140818/20140818_FIT.pdf

[23] 自然エネルギー財団『「エネルギー基本計画」への提言——「原発ゼ

ロ」の成長戦略を』(2013 年 12 月) http://www.renewable-ei.org/images/pdf/20131202/JREF_Proposal_basic_energy_plan.pdf

[24] 紫藤貞昭『科学史を飾る人々』(聖文社, 1965)

[25] E. シュレーディンガー著／岡 小天, 鎮目恭夫訳『生命とは何か——物理的にみた生細胞』岩波新書 青版 (岩波書店, 1951) [なお, 岩波文庫からも, 2008 年に同書目が発行されている。]

[26] 杉本賢治『アインシュタイン博物館』(丸善, 1994)

[27] 鈴置保雄『水素エネルギー社会とアイスランド』技術開発ニュース No.120/2006-5 (中部電力) https://www.chuden.co.jp/resource/corporate/news_120_N12003.pdf

[28] 瀬戸昌之『環境学講義——環境対策の光と影』(岩波書店, 2002)

[29] 瀬戸昌之『持続可能で豊かな社会を展望する』秋山財団ブックレット No.14 (秋山記念生命科学振興財団, 2006)

[30] アマルティア・セン著／大庭 健, 川本隆史訳『合理的な愚か者——経済学＝倫理学的探究』(勁草書房, 1989)

[31] 総合研究開発機構編『エネルギーを考える——未来への選択』(総合研究開発機構, 1979)

[32] 竹内久和「デンマーク風力発電協同組合」JC 総研レポート/2013 年春/VOL.25 http://www.jc-so-ken.or.jp/pdf/ja_report_writer/K-Takeuti/25-13SP-K-Takeuti.pdf

[33] 竹内 均編『Science Illustrated 3 生きている地球』別冊サイエンス (日本経済新聞社, 1977)

[34] 槌田 敦『エントロピーとエコロジー』(ダイアモンド社, 1986)

[35] 電気事業連合会「電源別発電電力量構成比」http://www.fepc.or.jp/about_us/pr/pdf/kaiken_s1_20150522.pdf#search='日本の発電力の構成'

[36] 中村純二, 吉岡甲子郎, 山崎照俊『大学教科一般物理』(共立出版, 1978)

引用・参照文献

[37] 日本経済新聞 2015 年 2 月 28 日付朝刊

[38] 日本経済新聞 2015 年 4 月 3 日付朝刊

[39] 日本物理学会編『新物理学シリーズ 別巻　現代物理用語』(培風館, 1973)

[40] マーサ・ヌスバウム, アマルティア・セン編著／竹友安彦監修, 水谷めぐみ訳『クオリティー・オブ・ライフ＝豊かさの本質とは』(里文出版, 2006)

[41] Garrett Hardin: "The Tragedy of the Commons", Science, 162 巻 3859 号, pp.1243-1248 (1968 年 12 月 13 日)

[42] Michael H. Hart: "The Evolution of the Atmosphere of the Earth", ICARUS 33, pp.23-39 (1978), Academic Press http://www.tau.ac.il/~colin/courses/CChange/Hart78.pdf で原論文を見ることができる。

[43] 平川浩正『相対論』(共立出版, 1971)

[44] 広重 徹『新物理学シリーズ 5, 6　物理学史 I, II』(培風館, 1968)

[45] 広瀬立成『現代物理への招待＝宇宙・物質・生命の起源を探る』(培風館, 1993)

[46] 広瀬立成『地球環境の物理学』(ナツメ社, 2007)

[47] 広瀬立成『物理学者ごみと闘う』講談社現代新書（講談社, 2008)

[48] 広瀬立成『物理学者はごみをこう見る――家庭ごみ・放射能ごみはゼロ・ウェイストで解決』(自治体研究所, 2011)

[49] 広瀬立成『量子力学』(朝日新聞出版, 2012)

[50] 広瀬立成『相対性理論の一世紀』講談社学術文庫（講談社, 2012)

[51] 広瀬立成『朝日おとなの学びなおし！　相対性理論＝エネルギー・環境問題への挑戦』(朝日新聞出版, 2012)

[52] 広瀬立成「ごみと持続性：燃やす埋めるは持続的か」(『月刊廃棄物』2013 年 10 月 pp.36-39, 11 月 pp.36-39, 12 月 pp.34-37)

[53] 広瀬立成『もったいない社会をつくろう』(本の泉社, 2015)

[54] 堀 淳一『エントロピーとは何か──でたらめの効用』講談社ブルーバックス（講談社，1979）

[55] Christophe McGlade & Paul Ekins: The geographical distribution of fossil fuels unused when limiting global warming to 2°C, Nature, vol.517 (2015), 187 http://www.qualenergia.it/sites/default/files/articolo-doc/nature140161.pdf

[56] エリック・マーティノー『日本の自然エネルギーの未来』連載コラム 自然エネルギー・アップデート，自然エネルギー財団（2014年2月14日）http://www.renewable-ei.org/column/column_20140214.php

[57] ロビン・マレー著／グリーンピース・ジャパン訳『ゴミポリシー』（築地書館，2003）

[58] 室田 武「クラウジウスの生涯とエネルギー問題」『別冊経済セミナー』（日本評論社，1988）

[59] 室田 武『君はエントロピーを見たか──地球生命の経済学』朝日文庫（朝日新聞社，1991）

[60] グレイグ・モリス『2015年：ドイツの風力発電にとって重要な一年だった』連載コラム 自然エネルギー・アップデート，自然エネルギー財団（2016年3月3日）http://www.renewable-ei.org/column/column_20160303.php

[61] 吉田克己，吉田 博『水素エネルギー経済を目指すアイスランドの試み』水素エネルギーシステム Vol.25, No.2 (2000)

[62] スチュワート・リチャーズ著／岩坪紹夫訳『科学・哲学・社会』（紀伊國屋書店，1985）

索　引

　　あ 行

アイスランド, 154
IPCC, 15, 19, 61, 112, 134, 150, 158, 162
アインシュタイン, 2, 30, 33, 41
天の川銀河, 84
アマルティア・セン, 167
アリストテレス, 34, 96
アルキメデス, 25
　——のテコ, 26
アンモニア, 91
異常気象, 61
イースター島, 147
一次エネルギー消費量, 112
位置のエネルギー, 49, 51, 52
　——の解放, 54
一極集中型システム, 120
一般エンジン, 6, 23, 54, 129
　2段のシステム, 55, 129
　——の出口, 7, 62
　——の排気物, 6
一般相対性理論, 33

一方通行, 66
隕石, 89
宇宙空間, 80, 99
　——への熱エントロピーの放出, 100
ウラン, 44, 130
運動エネルギー, 28, 49, 51
永久機関, 23
衛星, 85
液化, 80
液相, 71
液体, 70, 100
エジプト文明, 148
エネルギー, 1, 6, 46
　——と質量の等価性, 48, 53
エネルギー基本計画, 124
エネルギー効率, 8, 9, 55, 129
　水力発電の——, 53
エネルギー自給率, 114, 128, 131
エネルギー消費量（人類の), 109
エネルギー生産, 6
エネルギー保存の法則, 2, 3, 16,

51, 53, 63, 64, 116, 133, 143
　　厳密な――, 3, 10, 54
エントロピー, 10, 64, 96
　　――の宇宙空間への放出, 100
　　――の収支, 66
　　――の運び屋, 99
エントロピー更新 (破棄), 81, 88, 100, 133, 163
　　――のしくみ, 83
エントロピー増大の法則, 10, 16, 63–65, 75, 116, 133, 143, 163
OECD, 124, 151
オイルショック, 113
汚染物質, 129
　　――の排出, 131
落水川, 107
汚泥, 159
オヌクールのかなづち車, 23
温室効果, 14
温室効果ガス, 7, 14, 56, 59, 90, 137, 138, 144, 162
温暖化, 92, 114, 145
　　――の科学, 135
　　――の予測, 137, 150
温暖化豪雨, 16
温暖化効果, 90
温度, 65
温排水, 57

か　行

海面上昇, 141
海流, 163
科学の基本法則, 106
化学反応, 54
科学理論の普遍性, 144
ガガーリン, 81
核, 89
核エネルギー, 51
核分裂反応, 44, 45, 54
可視光線のスペクトル, 76
化石資源, 162
化石燃料, 4, 116, 117
　　――の消費, 149
　　――の燃焼, 45, 47, 160
化石文明, 60
加速度, 27
活火山, 162
活動力, 96
カビ, 102
カーボンニュートラル, 18
火力発電, 54, 119
ガリレイ, 24
カロリー, 46, 115
環境汚染, 145
環境改善, 107
環境破壊, 56, 60
環境負荷, 19, 53, 56, 82, 120,

128, 131,
カンクン合意（2℃合意), 116, 139
寒冷化, 92
気温上昇, 141
機械文明, 20, 138
気化熱, 71, 86
気孔, 76
気候変化の緩和策（緩和経路), 136, 138
気候変動に関する政府間パネル（IPCC), 15, 61, 134
奇跡の年, 2, 33
気相, 71
基礎代謝, 109
気体, 70, 100
協調（植物，動物，菌類の), 14, 93, 164
共有地の悲劇, 146, 147
きれいなものは汚れる, 78
銀河系, 84
金星, 90
菌類（分解者), 12, 13, 102
　土中・水中の——, 106
空気の見かけの分子量, 98
国別排出目録, 136
クラウジウス, 64, 143
グリーンベルト運動, 161

結合エネルギー, 43
ケプラー, 30
ケルビン, 65
嫌気性微生物, 159
健康被害, 49, 131
原子核, 42
原始人, 109
原子の構造, 42
原子爆弾, 4
原子力, 123, 151
原子力発電, 54, 119
原子論, 36
原油, 120
幸運な相続人, 144
光化学スモッグ, 59
好気性微生物, 159
光合成, 73, 74
光合成細菌, 157, 159
恒星, 84
光速, 40
光速度不変の原理, 34
光電効果, 33
高度農業人, 111
合理的な愚か者, 167
固化, 80
国際単位, 115
国内総生産（GDP), 155
固相, 71

固体, 70, 100
古典力学, 34
ご当地エネルギー, 120
コペルニクス, 30
ゴミ（問題）, 8, 145
　　——の焼却, 82, 111, 140
ごみゼロ市民会議, 104
固有価格買取制度, 122

　　さ　行

細菌, 90
最終処分場, 140
再生可能エネルギー, 18, 118, 125
酸化, 57
産業革命, 14, 28, 29, 111, 133, 138
産業人, 111
残渣, 159
三種の生命体, 83, 95, 102
死, 96
資源, 6, 153
資源枯渇, 145
4元素説, 34
仕事, 27
　　——を節約する, 24
自然エネルギー, 18, 123, 124, 128
　　持続的な——, 53
　　非枯渇性の——, 111
　　——の割合（日本の）, 118
　　——への移行, 121, 123, 154
自然エネルギー財団, 122
自然回復能力, 107
自然の（基本）法則, 134, 167
持続可能性, 1
持続性, 60
　　真の——, 106
　　生命の——, 12, 93, 97
　　——の本質, 9, 12, 104, 133, 144
質点, 26
質量, 1, 46
　　有効利用される——, 57
　　——とエネルギーの関係, 9, 34
質量欠損, 43
　　燃焼の——, 46
質量転化率, 5, 8, 46–48, 55, 56, 114, 160
　　水力発電の——, 53
　　燃焼の——, 7, 48
　　——の算出, 46
質量保存の法則, 2, 3, 10, 40, 41, 53, 54, 63
従属栄養生物, 93, 95
集中型施設, 131

索　　引

重力, 85, 89
重力加速度, 50
狩猟人, 110
ジュール, 47
シュレディンガー, 69, 70
循環型社会（のモデル）, 17
循環型社会形成推進基本法, 161
循環型地域再生事業, 104
省エネルギー, 121
小エントロピー状態, 99
昇華, 71
蒸気機関, 14, 28
　　——のしくみ, 29
小規模分散化, 126
焼却灰, 131, 140
焼却炉, 81
小水力発電, 162
小天体, 85
蒸発, 72
消費者, 12
常緑硬葉樹林帯, 149
小惑星, 86
初期農業人, 110
植物（生産者）, 12, 102
　　——とエントロピー, 96
食料安全保障, 20, 142
食料自給率, 142
森林資源の枯渇, 149

水蒸気, 70, 90, 97
スイス連邦工科大学チューリッヒ校（ETH）, 31
水素エネルギー, 150
　　生ゴミから——, 157
水素原子, 42
水素の貯蔵, 154
水滴, 70
水力, 118, 127
水力発電, 51, 54
ストロマトライト, 91
3R, 161
　　——イニシアティブ, 161
生産者, 12, 92
静的な関係, 64
生物多様性, 104
　　——の危機, 61
生命圏, 79, 81
生命とは何か（What is life ?）, 69
赤外線, 14
石炭, 28, 117
石炭産業, 28
石油, 117
　　——の燃焼, 57
石油価格の変動, 113
石油消費量（世界の）, 59
セ氏, 65

絶妙なバランス, 100
セルシウス, 68
全エネルギー, 50
全生命体の分業, 106
潜熱, 71, 73, 83, 96, 99
相転移, 71

　た　行
大気汚染, 59
大気の組成, 88
大規模水力発電, 128
第5次（統合）報告書, 19, 61, 135, 137, 162
体積 V の対数, 67
堆肥, 104
太陽系, 84
太陽光, 118, 121, 123, 130
太陽光発電, 118, 127
大量生産・大量消費・大量廃棄, 105, 133
大惑星, 86
脱焼却, 82, 105
ダ・ビンチ, 24
タレス, 77
単細胞生物, 103
炭素原子, 43
炭素の移動量（循環）, 94
炭素の原子量, 57

地域社会プログラム, 104
地域の活性化, 131
地域の発展性, 121
地域分散型, 119
地殻, 89
地球, 85, 86
　原始の――, 88
　――の天文学的条件, 101, 164
　――の特質, 101
　――のなりたち, 86
地球型惑星, 88
地産地消, 120, 127
地熱, 118, 130, 163
地表の温度, 88
中性子, 43
長期的・広域的な展望, 145
潮汐力, 118, 130, 163
月, 85
適量生産・適量消費・少量廃棄, 121
テコの原理, 26
デトライタス, 13, 93
デモクリトス, 36
電気エネルギー, 51, 54, 152, 154
電気化学反応, 153
電子, 42
天然ガス, 117
電力セクター, 123

索　引

電力の自由化, 19
等速運動, 27
動的な関係, 65
動物（消費者）, 12, 102
灯油, 111
特殊相対性理論, 2, 33, 48, 82, 114, 116, 158
独立栄養生物（植物）, 93–95
取手市の取り組み, 105
ドレーク, 111

な　行

生ゴミ, 82, 105, 157
　——の堆肥化, 104, 105
　——の燃焼, 105
二酸化炭素, 14, 90, 92, 94, 153
　——の総排出量, 139
　——の総量, 93
　——の大気中濃度, 139
　——の分量, 95
ニュートン, 2
人間の絆, 107
熱エネルギー, 51, 56, 154
　——の拡散, 11
熱エントロピー, 64, 65, 83
熱効率（原発の）, 57
熱死, 16, 101
熱の移動, 10

熱の拡散（放出）, 70
熱力学第一法則, 10, 64, 143, 158
熱力学第二法則, 10, 64, 143, 158
熱量, 65
燃焼, 61
　——における熱エネルギーの発生, 5
　——のしくみ, 39
燃焼文明, 145
年平均気温偏差, 15
燃料電池, 150

は　行

バイオマス, 118, 123, 127
廃棄, 61, 133, 134
　——の意味, 133
排気ガス, 162
廃棄物, 134, 153
廃炉, 130
発酵肥料, 157
発電効率, 153
発電電力量の構成（日本の）, 118
ハーディン, 146
ハート, 90
速さ, 27
ハーン, 151
非化石燃料, 129
非循環型の社会（モデル）, 16, 17

微生物, 102
　——で水の浄化, 103
　——の活用, 107
　——の分解能力, 107
微生物資材, 107
火の使用, 109
評価報告書, 136
ファラデー, 111
風力, 118, 121, 123, 130
風力発電, 118, 126–128
負（マイナス）エントロピー, 69
不可逆的な影響, 137
物質, 34
　——のエントロピー, 67
　——の拡散, 11
　——の相, 70
物質循環, 12, 13, 82, 83, 101, 102
　——する社会, 16
　——のリンク, 133
物質廃棄, 60
物質文明, 49
沸騰, 72
ブドウ糖, 73, 74
プランクトン, 104
分解者, 13
分散型システム, 120
平均表面温度, 91

ヘドロ, 103
ヘラクレイトス, 78
ボーア半径, 42
放射性元素, 89
放射性物質, 131
堀川, 107
ボルツマン, 68

ま　行

マーシャル諸島, 141
マータイ, 160
マリンスノー, 93
マルクス, 37
マントル, 89
水, 80, 99, 104
　液体の——, 88
　——とエントロピーの関係, 95
　——の浄化, 103
　——の大循環, 79, 81, 88, 100, 101
　——の電気分解, 150
　——の凍結, 90
無機物, 102
メタン, 91
MOTTAINAI（もったいない）, 160, 162
　——精神, 163
物エントロピー, 64, 74, 83

索引

や 行

融解熱, 71
有害発酵, 159
有害物質, 134, 153
有機性廃棄物, 159
有機物, 102
有用発酵, 159
油田, 111
陽子, 42, 43
葉緑体, 76
汚れの度合い, 96
4つのシナリオ, 20

ら 行

落葉広葉樹林帯, 149
ラボアジエ, 39
藍藻類, 90
力学的エネルギー保存の法則, 50
リデュース・リユース・リサイクル, 161
略奪的資源利用, 148
硫化水素ガス, 107
錬金術, 37

わ

惑星, 84, 85
J. ワット, 28, 111
ワット, 115

著者略歴

広瀬立成
（ひろせ　たち　しげ）

1938年　愛知県生まれ
1967年　東京工業大学大学院博士課程物理学専攻修了
　　　　理学博士
　　　　東京大学原子核研究所，ハイデルベルク大学
　　　　高エネルギー研究所を経て，東京都立大学
　　　　（現 首都大学東京）理学研究科教授
2002年　早稲田大学理工学術院総合研究所教授
現　在　東京都立大学名誉教授
　　　　ゼロ・ウエイストを進める会代表

主要著書

量子の黙示録（実業之日本社）
もったいない社会をつくろう（本の泉社）
相対性理論の一世紀（講談社学術文庫，講談社）
量子力学（朝日新聞出版社）
相対性理論（朝日新聞出版社）
対称性とはなにか
　　　　（サイエンスアイ新書，ソフトバンククリエイティブ）
物理学者はごみをこう見る（自治体研究所）
図解・雑学　地球環境の物理学（ナツメ社）
超対称性から見た 物質・素粒子・宇宙
　　　　　　　　　　（講談社ブルーバックス，講談社）
物理学者，ゴミと闘う（講談社現代新書，講談社）
E と H, D と B（物理学ワンポイント双書，共立出版）
クオークとレプトン（共訳，培風館）
現代物理への招待　改訂版（培風館）
図説物理学（共著，丸善）
相対性理論講義（訳，東京図書）

Ⓒ 広 瀬 立 成 2016

2016年7月15日　初版発行

持 続 性 の 本 質
物理学からみた地球の環境

著 者　広 瀬 立 成
発行者　山 本　格

発 行 所　株式会社　培 風 館

東京都千代田区九段南4-3-12・郵便番号102-8260
電　話(03)3262-5256(代表)・振 替 00140-7-44725

平文社印刷・牧 製本

PRINTED IN JAPAN

ISBN 978-4-563-01932-7　C3040